还原历史 超越历史

——我眼中的"思南公馆"

Sinan Mansions As I See It

赵鑫珊 著

文汇出版社

图书在版编目(CIP)数据

还原历史 超越历史 / 赵鑫珊著. —上海：文汇出版社，2012.8
 ISBN 978-7-5496-0588-0

Ⅰ.①还… Ⅱ.①赵… Ⅲ.①建筑—文化遗产—保护—研究—上海市 Ⅳ.①TU-87

中国版本图书馆CIP数据核字（2012）第189247号

还原历史 超越历史
　　——我眼中的"思南公馆"

著　　者／赵鑫珊
责任编辑／甘　棠
装帧设计／周夏萍

出版发行／文汇出版社
　　　　　上海市威海路755号
　　　　　（邮政编码200041）
经　　销／全国新华书店
印　　刷／上海丽佳制版印刷有限公司
版　　次／2012年8月第1版
印　　次／2012年8月第1次印刷
开　　本／720×960　1/16
字　　数／180千
印　　张／11

ISBN 978-7-5496-0588-0
定　　价／68.00元

目　　录

献辞 ………………………………………………………………………… 1

卷首语七则 ………………………………………………………………… 1

本书由来 …………………………………………………………………… 1

用历史眼光去审美"思南公馆"风貌区的建筑风格
　——人性的建筑空间化 ………………………………………………… 8
　　一、关键的10年：1914—1923 / 8
　　二、法租界几条马路 / 11
　　三、古罗马帝国的别墅 / 13
　　四、法国巴洛克风格别墅及其后来的演进 / 13
　　五、英国乡村式别墅 / 29
　　六、新式里弄 / 36
　　七、思南路的四周大环境 / 46

法国作曲家马思南和思南路 ……………………………………………… 62
　　一、不朽的小品《沉思》/ 62
　　二、"思南公馆"最适宜播放什么音乐 / 64
　　三、"思南公馆"应成为21世纪上海民间"中法文化交流中心"/ 67

期望出个"沉思"学派及其文化丛书 …………………………………… 75

"思南公馆"的"壁炉—烟囱"系统 ……………………………………… 77
　　一、系统的进化和继承性 / 77
　　二、今天仅仅是个符号 / 84
　　三、韵者，美之极 / 85

半圆拱连券楼
　——别名"修女楼" ……………………………………………………… 87
　　一、中世纪《修女歌》/ 87

二、或许有本情书集在楼里传阅 / 89
三、关于"修女楼"的建筑风格 / 92

周公馆
——为什么当年的国民党会丢失掉在大陆的政权？ ……… 106

从"空间·时间·事件"观照"思南公馆"的原屋主人 ……… 109
一、张瑞椿 / 110　　二、张静江 / 111
三、黄赞熙 / 112　　四、丁济方 / 113
五、曾朴 / 113　　　六、梅兰芳 / 115

"思南公馆"修缮和改造前后的强烈对比 ……… 117

我的大提琴梦
——如果从69号别墅传出"四重奏" ……… 127

我动情和动情的是我 ……… 134

昨天→今天→明天
——站在这条黄金链接上的"思南公馆" ……… 136

后记 ……… 140

附录：赵鑫珊主要著作一览表 ……… 141

献　　辞

谨以此书献给追寻上海历史又创造历史，传承历史又提升历史的"思南路项目"决策者和总设计师，以及项目具体实施的团队，其中包括发展商、投资商、建筑设计、总承包、项目管理和物业管理。

这是个系统工程，各个环节到位，一丝不苟，才玉成了今天这件精致的艺术品。

如果说，大约百年前的建筑师是第一次创造，那么，今天修缮、整治和改造的工程团队便是第二次创造。这第二次给了我太深的印象。就创造力而言，第二次同第一次是平起平坐、等价的！

历史是两姐妹，是双胞胎，也是同门异户、一梯两户的关系：

姐姐，追求历史硬事实的真实（何时、何地、谁？发生了什么事？）——这是世界上所有大大小小博物馆（包括自然博物馆，"周公馆"）追求的目标。

妹妹则追求历史软真实的艺术，包括诗意，以及给千万造访者的想象力留有足够大（但不是无边无际大）的空间。

各民族的神话（尤其是古希腊和古印度神话）便是最典型的历史"妹妹"。这些神话听起来像是真的，十分可爱。在人性中，有爱听神话的DNA，即固有"情结"。因为它可爱。——这点非常重要。

在东西方（尤其是西方）思想史上，一直有两股对立的思潮：

A. 把人生世界"神话化"（Mythologizing）；

B. 坚决、彻底"去神话化"（Demythologizing）。

前缀De有否定的意思。

西方近代自然科学思维模式便是典型的"去神话化"。它采用客观化方式去理解世界；力图消除神话，否定神话。

现在要问：

还原历史　超越历史——我眼中的"思南公馆"

历史这门社会科学也要像自然科学那样"去神话化"吗？

是，又不是。

坚持"是"，即历史"姐姐"；主张"不是"，即历史"妹妹"。

为什么世界上分男女，有男有女？

古希腊人杜撰了一则神话：

远古男女是合而为一的一体。上帝（造物主）觉得人太强大，对自己构成了威胁。所以决定把人分成男女两半。人长大后，这一半苦苦觅寻另一半，费尽了心血，耗费了很多精力，大大削弱了人的力量。这样，上帝才觉得安全些。

进入21世纪的自然科学能完全否定上述神话吗？能做到"去神话化"吗？

进化论、分子生物学能解释地球上为什么有两性（雌雄、男女）吗？同性恋现象究竟是怎么回事？

21世纪仍然需要现代神话。现代神话仍旧有自己的地位。不论自然科学如何发达，也无法挤掉神话的固有地盘！历史"妹妹"属于神话、童话的范畴。

"思南公馆"也是历史"妹妹"。

21世纪的上海，也愿意把它打扮成"妹妹"。

它动用了不少新元素。原本历史上并没有这些新元素。它们在历史上压根就没有存在过。——这样，历史便被超越了。我赞成去超越，只是要有个"度"。人生世界仅一个字：度。

"思南路项目"总决策者和总设计师从一开始便在追问自己所遵循的总纲或指导原则：

什么是真实性？（What is Authenticity?）

本质上，这是一个历史哲学追问。

值得高兴的是，我和开发"思南路项目"总的设计思路或模式思考基本上是一致的：

都追求"妹妹"。

所谓历史的真实性（Authenticity）并不是原封不动、原汁原味地返回到历史。这种返回也不可能。项目总设计师也不想这么做。在我的笔下（包括多幅图片），并不追求上面落满了时间老人撒下的厚厚尘埃的"思南公馆。"

献 辞

不，我笔下的是21世纪、今天已成了世界第二大经济体的中国上海这片历史文化新风貌区。

二三十年代上海的法租界毕竟是远去了的历史。

归根到底，我这本书是献给改革开放三十多年的峥嵘岁月。大至世界第二大经济体，小至"思南公馆"，都是改革开放的大小果实。

"思南路项目"设计总思路和追求的历史真实性是：

保留精华的"旧"，将新的生命注入旧的建筑，赋予其现代使命，同时让人们牢记其历史价值。

今天，项目设计师的目标已经达到了。"思南公馆"深深打动了我，我才拿起笔，表达我对老屋修缮、整治和改造"装饰工程艺术"的赞美以及我身处其境的纷然杂陈思绪。

我是脚踏两只船的人：

↓ 这便是细节或叫新元素。我欣赏、看重加进这些细节，也品味这些富有时代气息的新元素，包括夜晚的灯光。"思南公馆"改造过的老洋房通过许多个这样的细节，引导游客、顾客超越历史，享受一种崭新的休闲生活方式。它使我年轻。

↓ 远看The Coffee Bean（香绯馆）咖啡屋，我也是这里的常客。

还原历史 超越历史——我眼中的"思南公馆"

历史的回忆；新时代新元素加盟的时尚带来的韵味。

这才是我寻找的妙在笔墨之外的诗意诗境。

若是没有声外之音的悠扬宛转和体兼众妙，我何苦三番五次（包括寒冷的月夜）来"思南公馆"一唱三叹？

这里有我理解的历史的真实性。

我是这种人：既恋旧又喜新。

这正是"思南公馆"历史文化新风貌区令我陶醉的原因。我又多了一个做"白日梦"（Day-Dream）的好去处。"修女楼"对我创作的第三部长篇历史小说或许是重要的灵感源泉之一。关于这座"修女楼"，我在后面的有关章节会有较详尽的交待。今天，它属于思南公馆酒店，为多功能宴会厅，没有正式命名。"修女楼"是我的叫法。它符合"历史妹妹"的性格和身份。如果不这样叫，就无法"名正言顺"，我的书也写不成。

在我眼里，"修女楼"不仅是上海滩上个世纪初一颗璀璨的欧式建筑明珠，而且富有丰富的历史事件，给21世纪的人们留有广远、深远、幽远和迷远的想象力空间。

我期望广大读者能认同我的叫法，把"修女楼"这个别名悄悄地叫出去。

在我的小说胎观胎动中，主人公是19世纪晚清来华的传教士（包括修女）。我一旦找到了切入口，便正式动笔。所以在2011年岁末和2012年年初我常来"修女楼"前转悠，低徊掩抑，荡气回肠，心怀"一石二鸟"的目的：

A. 为了写好"我眼中的思南公馆"；
B. 觅寻创作历史长篇小说的切入口。

* * *

一切历史都是当代史。

↓ 哈根达斯加盟进"思南公馆"是双赢。

在大上海，它是个连锁店。它出现在"思南公馆"，成了这片历史文化新风貌区的新元素。哈根达斯附丽在老洋房群的建筑场域而拥有法兰西文化厚重的大背景；"思南公馆"因哈根达斯的加盟也增添了时尚活跃的气息。

哈根达斯有福了！因为你的背后是法兰西伟大文化传统。

献　辞

　　历史的魅力在于朦胧、混茫。这类似于夜半残月寺庙撞钟,缓缓地,缭绕萦回有余味……

　　盐化于水,盐已无形,但仍在水中;且每一滴水中,皆有盐在。盐不必有形,更不必一目了然,却始终存在,且无所不在。

　　盐便是历史,是昨天;水是今天,是现时当前。

　　按我的哲学观,历史是广义的。因为我是个"哲学工作者"。在当今文明人的思想积淀中有四个历史的"地质层":

　　最低层是动物心理。因为人归根到底是动物。

　　往上,便是儿童心理。我们一辈子也摆脱不了童年时代的烙印。

　　再往上是野蛮人的心理,约50万年到100万年前。原始人的动作、反应和思维会伴随我们一生。

　　最后上升到文明世界历史层面。我笔下的"思南公馆"便属于这个层级。

　　不错,历史缥缈,但往事不如烟,不虚无。

　　人的回忆力量让历史复活了。"思南公馆"是上海城市历史回忆娓娓动听的一章。

　　我更看重它超越了历史。

1 卷首语之一

　　别墅建筑艺术是人造的,但它的寿命比人的寿命长,且长得多。
　　所以我才惊叹:

　　　　Life Is Short,
　　　　Art Is Long!
　　　　生命短暂,
　　　　艺术长存!

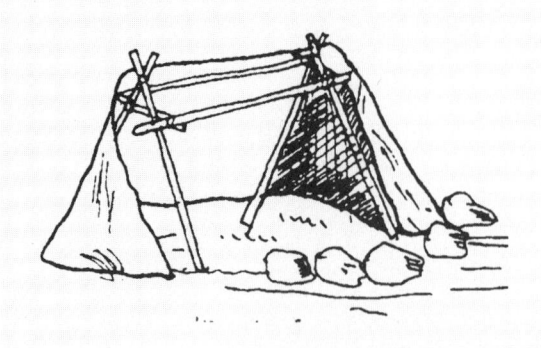

↑ 这是原始人从洞穴中走出来搭建的遮风避雨的风雨棚。它是人类建筑文明的原点；当然也是人类最原始、最低级的栖身之所。作为住宅建筑空间，它的等级低得不能再低。

若是再低，再倒退，便要退回到三万年前原始洞穴中。那可不是人类建筑文明。因为野兽也在洞穴中栖身。洞穴的本质是自然空间。

住宅是人通过手脑并用，利用树干、树枝、茅草、石头和泥巴等建材从自然空间围隔出来、借来的一个建筑文明空间。

当你来到思南公馆法国老洋房群，想起大约1万年前的窝棚或风雨棚，你才会明白"别墅是人类居住文明的最高形式"这个命题的正确性。这时候，也只有这时候，你才会从心底里对别墅发出一声感激和赞叹！

卷首语之二

老洋房是有生命的。

它会喃喃地对你朗诵、述说；你要学会同它对话，重要的是听懂它的语言。那是人生一乐。

上海市卢湾区思南路历史文化别墅群保护区包括几十栋老洋房，上世纪二、三十年代属于法租界。有远远高出斜屋面的法式巴洛克风格的烟囱便是老洋房生命的一个组成部分。

很遗憾，在典雅、气派的烟囱上面再也没有深秋初冬的江南寒鸦来落脚。记得1961年我大学毕业，路经上海复兴公园（即昔日的法国公园），我还见到过附近一带有"群鸦争晚噪，一意送夕阳"的城市里的乡村风景。

老洋房比新别墅价更高是因为它有许多故事，它会娓娓动听地陈述往事，特别是在寒冬之夜壁炉里的火光熔熔，木柴上的硬结被烧着，发出毕毕剥剥响声的时候……

回忆往事是一种享受，特别是落座在一家有情调的咖啡屋或老洋房的阁楼里，时有壁炉里的燃烧声传来……

于是入冬以来，在夕阳西下，我踩着思南公馆的满地梧桐落叶，草创了几行类似于诗句的文字，题目就叫《回忆是种享受》：

    回忆是上帝吹来的
    阵阵过滤的风
    往日的焦虑和苦痛
    被一一滤尽
    剩下的   只有

> *甜美的朦胧*
>
> *回忆是月光底下的*
> *隔山钟*
> *原先的烦恼和忧伤*
> *被驱散得无影无踪*
> *留下的是*
> *一曲难忘*
> *叫人咀嚼不尽的*
> *昔日梦*

3 卷首语之三

在我们一生中,每个人都有几个兴奋点,比如有人对名车的追求和狂热。我的兴奋点是别墅。

很遗憾,我今天的居所只是普通的三室一厅(约120平米),将来也不会拥有一栋别墅,更不用说是一栋法国的老洋房。因为按财力,我刚刚挤进了上海中产阶级。

也许这更让我能看清别墅(尤其是上海历史文化区的老洋房)的价值。因为"旁观者清"。

其实在我的建筑哲学和美学中,中外传统民居是重要的一章,其中欧洲别墅(洋房子)一直令我心驰神往,包括一些细节,比如壁炉和烟囱的几何造型美。

墨子说过:"食必常饱,然后求美;衣必常暖,然后求丽;居必常安,然后求乐。"

可见,人欲是推动东西方人类文明之旅的一台永不熄灭的发动机。其中"居住"是一个"大项",别墅是最高形式。

如果有个外星人来地球考察一年,然后回去作报告,在谈到地球人居住文明水平时,他会列举两个极端例子:

1. 三代同堂,6口人挤在15平米的"鸽子笼"里,逢雨即漏,大雨大漏,小雨小漏,很不人道,这不符合人性的需要。

2. 别墅,即洋房子,在西方建筑史上,有意大利别墅、法国别墅、英国别墅(比如19世纪维多利亚时期的别墅),以及德国别墅和西班牙别墅等。

据我多年踏察的结果,以壁炉为住宅心脏是法国别墅的特色之一。由粗石砌筑而成的高高烟囱(常有四个出烟孔)冒出屋面,仿佛在同深秋的蓝天白云或落日晚霞窃窃私语。今天，从我笔下的思南路法国老洋房群保护区透露出来的正是这窃窃私语。不过它是无声的语言。光用肉耳（生理耳）听不到。

我的功课之一是试图解读这种私语。然后把我的理解和解释写进读者手中这部书稿。——说得白一点是：我看"思南公馆"新风貌区。

《圣经》"哥林多后书"第4节写道：

"因为我们要看的不是能见到的东西，而是不能见到的；因为能见到的是暂时的，而看不到的东西才是永远的。"（英文原文：Because We Look Not at What Can Be Seen But at What Cannot Be Seen; For What Can Be Seen is Temporary, But What Cannot Be Seen is Eternal）

当然，我们力图去理解、把握和解释人生世界（包括人和屋的深层关系）首先要从可感（能看见、能听到、能触摸到……）的东西开始，然后才有希望进入到那不可感的永恒的东西。

那么，今天我伏案握笔撰写这本书的目的是什么？

是为我自己的心灵而写；为灵有寄，魂有托而铸成每一个方块汉字。当然也是"为艺术而艺术"去朗诵，吟唱。

本质上，这本书是我多次在"思南公馆"一带漫步、与老洋房邂逅相遇时的自言自语。

我经常会在一栋有特色的、既旧又新的别墅面前站着不动，仿佛在同它对谈。——我提问，别墅回答；或者它提问，我回答。其实老洋房啥也没有说，全是我在自言自语，喃喃地说。

我尤其喜欢看这里的夜景。我是努力把能看见、能听到（包括万叶吟风的沙沙声）、能触摸到（包括老洋房的外墙、楼梯扶手）的一切感觉印象统统汇集在一起，成为我的统感或通觉。然后便找家咖啡屋去慢慢地咀嚼、消化，作点哲学思考（因为我的灵业或天职、神职是个哲学工作者）。

是的，我没有写错。哲学思考不是一种社会学层面的职业，而是神职、天职或灵业。

哲学工作者永远不会失业、下岗，因为他所从事的是无形的、看不见的职业。他的最高神圣使命是努力见出、听出看不到、听不出的那些永恒的东西。

那么,从"思南公馆"欧式老别墅建筑明珠群中也能琢磨出永恒的、让人牢牢记住的东西吗?

这正是我撰写这部书稿的主题,或主脑、主旋律。把它表述出来,指出来,同大家交流、分享,也是一种享受。应该承认,人活在这个世界,有各种各样的享受。能隐隐约约瞥见到一些《圣经》中所说的那永恒的东西也是一种享受。对一些重精神生活、重回忆、重追求内在价值的有识之士,这种享受还是最高层面的。

上海市民,我国国民,通过这种最高享受,我们的民族素质才会得到提升。因为上海的历史文化建筑保护区归根到底是全国的,是中华民族的共同财富。——也许,这正是上海市政府的意图和远见卓识:

2003年上海确定了中心城区范围内12个各具特色的历史文化风貌区(包括外滩、老城厢和衡山路—复兴路等),总面积为27平方公里,占老城区总面积的三分之一。今天我笔下的"思南路项目"便属于"衡山路—复兴路"这个大风貌区。

据上海市政府有关部门统计,全市有2 318栋保护建筑,有632处保护街区。

这里包括两个层面有价值的东西:

1. 首先是那些能看得见的东西;这只需要动用肉眼即生理眼;

2. 再在肉眼见出的基础上去努力看出不可见的东西,这需要动用心眼即心灵眼,包括思想感情、观念以及哲学化即哲学概括(英、德文的术语叫Philosophize, Philosophieren)。

一个全面、有教养、有素质、和谐发展的人,理应从"思南公馆"见出这两个层面,从而丰富自己、深化自己、扩展自己、提升自己。

人生之旅的收获、价值和意义不仅仅在生命的长短,更取决于生命的质量。

学会品味、咀嚼老别墅,见出隐藏在老洋房(门、窗、墙、地板、楼梯、屋顶、烟囱和花园……)背后的东西,便属于生命的质量。

能有条件住进老洋房仅仅是种感官的舒适和享受,同时又能看出、听出、触摸到那些隐藏的、内在的东西才是幸福。——幸福感属于精神层面。

4 卷首语之四

我有幸拜读过《思南路历史建筑的保留保护》这份指导性文件。它凝聚了上海市政府、中外有关专家和开发团队的智慧和远见卓越。

我反复、精读了多遍。

文件封面上有句英文标题，每易被人忽视："Building on the Past"。根据我的理解和解释，它有如下4点涵义：

1. 这是上海市政府"衡山路—复兴路历史文化风貌区"的核心区域。

其范围西起思南路西侧花园住宅边界，东至重庆南路，南临第二医科大学，北抵复兴中路，与复兴公园隔街相望。——这便是"思南公馆"包括的范围，占地面积约5公顷。

2. 这是上海市首个成片保留保护标志性住宅项目，也是独一无二的成片花园高档社区。

3. 建造具有时代感的新建筑。我注意到了这些现代建筑语言符号，它们同法国老洋房群相映生辉。

4. 把历史和当代合而为一，体现上海新一轮城市发展的格局、韵律或肌理。

以上四点便是上述那句英文标题的内涵。我不揣冒昧把它试译成：

在历史上造新城（这便是"承先启后，继往开来；传承历

史，升华当代"）

从中透露出了中国改革开放三十多年的时代精神。"时代精神"是个外来语。过去的汉语没有这种说法。德文的"时代精神"叫Zeitgeist；英文叫The Spirit of Era。比如计算机时代的精神（The Spirit of the Computer Era）。

"时代精神"便是那看不见、听不到、用双手触摸不到、用鼻子闻不到、用舌头也尝不到的永恒的东西。

归根到底占地面积约5公顷的"思南公馆"是改革开放"时代精神"的产物。它是不会随风飘逝的绿宝石，海珍珠。

↓ 我笔下的"思南公馆"的位置被思南路、复兴中路和重庆南路框住。从今往后，我同这个新风貌区有了一层亲密关系。因为"阿拉是上海人"。

我会在这里度过许多个缠绵悱恻、回肠荡气的时光；我也会在这里同我笔下的历史小说主人公会心地微笑；或是一起哭，一起笑，一起惆怅，太息，从一切老旧见出新意……

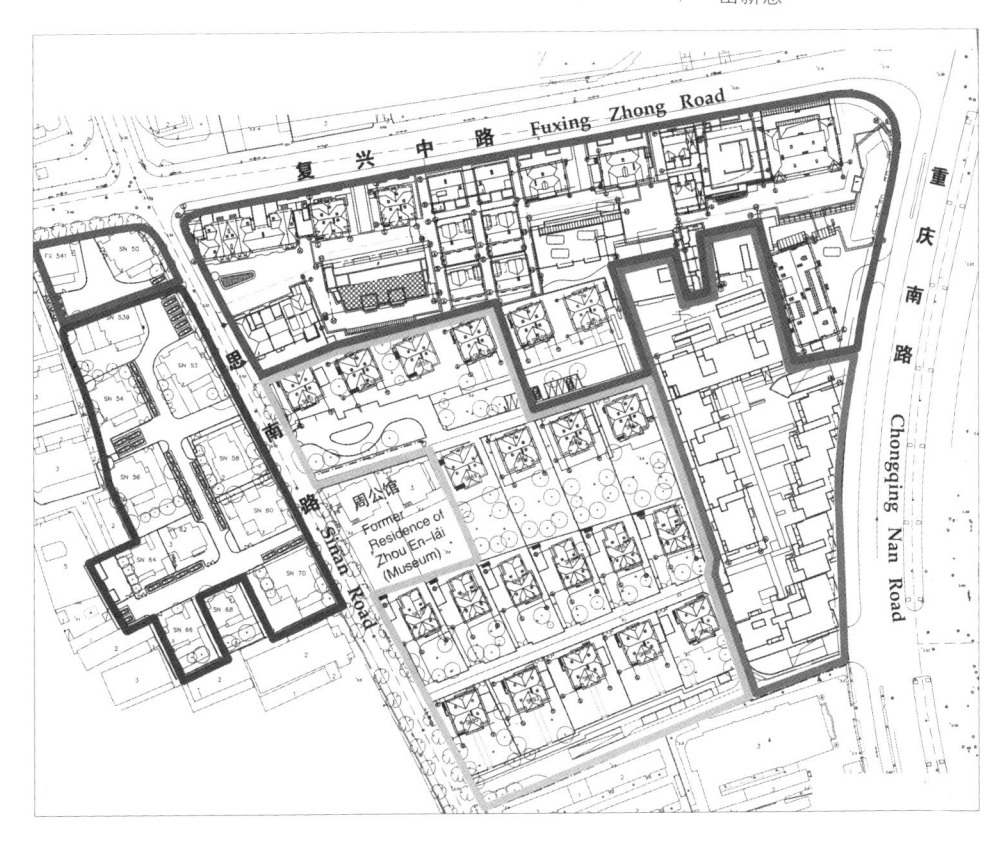

5 卷首语之五

有幸读到"思南路项目规划三原则"。我意识到,我这回是进了博士生班,又上了一课。

这是指导性三原则,脑指挥双手。脑(观念)只有通过双手才能改变世界,才能"在历史上造新城"。三原则如下:

1. 保护原则。保护历史街区的空间格局、街巷尺度、文物古迹和历史性建筑,延续城市历史文化环境。

2. 发展原则。贯彻历史城市和花园住宅区的可持续发展战略,发挥传统的历史文化环境在现阶段的现实积极意义,同时重视改善居民的生活质量和环境品质。

3. 效益原则。充分利用花园住宅区的物质和人文资源,实现社会、环境、经济和文化效益的统一发展。

以上三原则在本质上属于城市文明哲学观念。它们来自人脑。归根到底是脑指挥双手,手脑并用,才有了今天旧貌换新颜和妙手回春的"思南公馆",从整个建筑气场中透露出来的是我国美学理论所推崇的"气"和"精":

"虎豹之文蔚而腾光,气也;日月之文丽而成章,精也。"

隐藏在气、精背后的,正是那永恒的东西。

这也是我国哲学推崇的"无形无名者,乃物之宗也";"夫无形者,物之太祖也。"

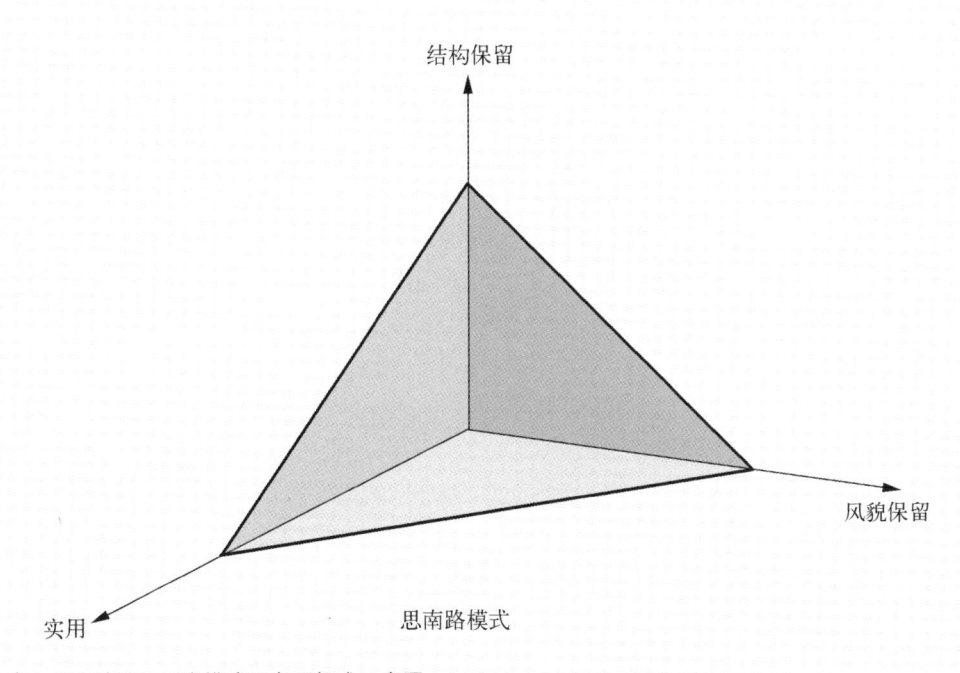

↑ 思南路项目开发模式思考图解或示意图。

应在结构保留、风貌保留和实用性这三个方面寻求一个黄金的平衡点。这是上海市政府、上海城投、上海永业集团、法国夏邦杰建筑与城市规划事务所、德国诺沃提尼梅内联合规划公司、上海现代建筑设计有限公司、上海美达建筑工程有限公司和上海市建科建设监理咨询有限公司等多方的共识。

世界是什么？世界就是世界结构的平衡。失去了平衡，世界结构便会解体，轰隆一下倒塌！和谐世界即平衡的世界。有四条腿的桌子才是最平衡的桌子。

6 卷首语之六

我们能否在"思南公馆"、"新天地"和"田子坊"这三者作点比较呢?

关于"新天地",我多少有点发言权。1998年我的第一部有关建筑哲学和美学专著《建筑是首哲理诗》出版(百花出版社),很快就被正在开发"新天地"的香港人罗康瑞读到。他一口气买了十本,打算发给他的团队几位骨干,并对他们说:

"好好读读这部六百多页的厚书,要耐心地读,提高你们的素质!"

后来,罗先生邀请我三次共进工作午餐,听听我对改造、开发、利用"新天地"的意见。对我来说,这是一次学习的好机会。因为我要从"纸上谈兵"走出来,同实践相结合,充实自己,提高自己。

当时的"新天地"正在敲敲打打。我的第一个建议是:务必要把门楣上的浮雕图案保留,因为那是西方巴洛克的雕塑语言符号。

"新天地"建成后,我对它的定位和评估是"中产阶级的休闲天堂"。因为改造前这里的石库门建筑品味充其量只能属于中等人家。——这是"新天地"的底色。

"思南公馆"建筑艺术底色则是法国城市里的乡村别墅加上复兴中路三十年代一排新式里弄。这种底色富有贵族气派。它有别于"新天地",层次、格调高于"新天地"。原先的贵族气质为今天的"思南公馆"定下了基调。

至于"田子坊"的建筑场域底色则为上海大众、平民级别。

三个地方各有特色,满足人的不同品味和追求。

有一点是肯定的:在"新天地"和"田子坊",你感受不到贵族高雅气息迎面扑来。

← 今天的"田子坊",电线架空,房屋未经整治和修缮,没有系统改造,建筑场域整个属于大众、平民休闲之地。

人是消费不同层级建筑空间的动物。城市就是为了满足不同阶层居民需要的地方。乡村无法满足,所以才需要城市,目的是为了让生活更美好。——这是地球上城市存在的最根本理由。也只有这样去看"思南公馆",我们才能看懂。

← 这是2007年我在巴黎拍到的一栋巴洛克风格的屋。斜屋面为孟沙式,高高的巴洛克烟囱,还有老虎窗,便是"思南公馆"的历史继承根系,是公馆的"曾祖父母"。

← 这是"公馆"一栋旧貌换新颜的老洋房。巴洛克风格的高高烟囱挺拔,富有风韵,气韵。

图片为视觉艺术作品,既真实又有诗意。

烟囱下面的老虎窗给了我多少涌上心头的遐想!它仿佛是能吹出更多、更浓的田园诗的长笛。那是法国作曲家比才（1838—1875）的绝招,是他笔下的旋律和律动。

← 修缮、整治和改造前的破旧法式洋房,2003年2月。根据上海城投永业公司开发团队的理念,务必凸显阳台和其他部件的露明木（骨）架传统风格,再通过工程团队一双灵巧的手,才有了今天神采焕发的法国别墅,令我啧啧赞叹。

↑ 整治、改造、雕琢老洋房的建筑（装饰）艺术家刻意要通过露明木（骨）架风格去还原历史，恢复昔日上海滩这一带的城市记忆。

建筑符号是视觉鲜明的记忆。我笔下的长篇历史小说也是记忆的一种形式。多种记忆的形式是件好事。

← "思南路项目"完成后焕然一新的建筑场域，2012年元月。事实表明，它不仅还原了历史，更是超越了历史。

子曰："君子居其室，出其言善，则千里之外应之。"

我撰写这本书，目标正是努力做到"出其言善"。只有这样才有可能"千里之外应之"。

本图片是前面2003年2月修缮、改造后的新性情和面貌。

↓ 德国一古城露明木（骨）架风格的民居。

这种建筑语言符号系统起源于中世纪法国，后来在法、英、德风行了好几百年，直到今天还有它的遗风犹存，令我有感荡心灵，成一家风骨的慨叹。

← 经修缮、改造后凸显了露明木（骨）架建筑，为法、英、德传统做法。起源于中世纪法国。英文术语叫Half-Timbered Building。

后面我会较详尽谈到这种做法或建筑符号语言系统。

图片为视觉艺术作品。

↑　这是2007年8月,我同庐山手绘建筑特训营一群画家从巴黎出发去西班牙,路经法国一座古镇拍到的一景。

法国乡村教堂两边是建于17—18世纪的民居。我特别注意到从斜屋顶冒出的高高烟囱。有四个出烟孔。20世纪二、三十年代上海思南路法国都市里的乡村别墅群便同这里的民居建筑有继承或血缘关系,尤其是建筑的一些要素,即建筑的DNA。

上海二、三十年代法国老洋房的"祖父祖母"在法国本土,根系在法兰西。鸦片战争后,英国人和法国人各自把他们的建筑语言符号系统(建筑词汇和语法)带到了上海滩。当然,首先是英语和法语,随后便是各自的建筑语言风格登岸,落脚。

人是要有屋住下来的动物。

人无法住在自然空间。人必须住在人类建筑文明空间。从风雨棚(窝棚)进化到别墅经历了漫长岁月。

↑ 2012年元旦刚过,我在"思南公馆"举起相机拍摄建筑艺术的美;是因为这里的"幽渺以为理,想象以为事,惝恍以为情",我才伏案握笔撰写这本书。——这便是我所说的我是为艺术而艺术去朗诵、吟唱,击节而歌。

否则,我连一个字都挤不出来。我是不吐不快。

7 卷首语之七

　　我们只有从前后新旧对比中才能见出"思南公馆项目"保留、保护和开发模式的成就。——这才是"手脑并用"的创造性，才有了还原历史，超越历史。

　　汉代大哲学家董仲舒有言：

　　"天生之，地养之，人成之。"（《春秋繁露》）

　　人，靠什么去成之？

　　只有靠手脑并用。——我回答。

　　"思南公馆"是总设计思路和修缮（装饰）工程团队亲密合作的成果。它深深打动了我，我才伏案握笔，写写我眼中的"思南公馆"。

　　不是我写"思南公馆"，是"思南公馆"这个"文本"拔高了我，提升了我，给我上了建筑哲学和建筑美学"博士班"的一课。

← 在老洋房四周搭脚手架。

　　修缮、整治和改造总设计（模式思考）最后要落实到工人们的双手上。

　　总设计没有双手是空的；双手没有思想（观念）的指导则是盲目的。——这是我把德国大哲学家康德的命题应用到"思南路项目"上来。康德说过：

　　理论没有实践是空洞的；实践没有理论是盲目的。

　　该命题深深影响了爱因斯坦的一生。他说，理论物理没有实验物理是空洞的；实验物理没有理论物理是盲目的。

　　这叫"隔行不隔理"。都是同一个理。

　　"思南公馆"项目怎能例外？

↑　工人们爬上老洋房斜屋顶作业。左边便是我一再赞美的有多个排烟孔的法式巴洛克风格烟囱。
　　我赞美烟囱的几何造型美，也懂得高度称赞今天修缮、整治和改造团队工人们的灵巧双手及其精湛工艺。
　　一个人越是懂得赞美应该赞美的事物，此人就越存在，他的生命质量也越高。——总的来说，我是一个懂得赞美人生世界的人，包括今天我发自内心对"思南公馆"的击节称赞。因为它是一首建筑抒情诗。

↑　2011年年底和2012年年初，思南路西侧又有13栋老洋房着手修缮、整治和改造。工程团队已进入，我带了相机，因为我是个有心人，又看重双手这个环节。

那天恰好有个工人师傅站在老别墅阳台上作业，我随便同他聊了几句，便举起相机。我把这位头戴红色安全帽的工人师傅看成是动用双手的代表。对他，我深表敬意。在"思南公馆"高雅、典丽和超越历史的背后，有上百个戴安全帽、动双手的工人。

本书由来

> 有人问过我：
> "你是先有题目，后写书，还是先写书，后取书名？"
> "情况很复杂。两者是双向的互动关系。不过有一点是肯定的：必须有样东西深深触动我的灵魂，我才会不顾一切地拿起笔，一吐为快。"
>
> ——2011年12月初

我撰写读者手中这本书便是开始有样东西时时在打动我，之后我才有胎观胎动，草出初步提纲，然后将它展开，不断拓宽，深化，用方块汉字表达心中一团无法克制的思绪和观念，有一种精神上的快感，也是一种"爽"，一种"醉"——"一醉方休"。

人生一场，各有各的醉法。

不同的醉法把人分成不同的类型，尽管人的共性都必须"衣食住行"，吃喝拉撒睡。

2011年早春周启英先生用"奥迪"把我从浦东接出来，让我看看外滩紧靠外白渡桥的原英国领事馆和圆明园路整块历史文化建筑风貌区的改建和开发工程现场（已完成大半），见状后我惊叹不已！因为我非常熟悉这里改造前的面貌。

我不仅赞叹保护、修缮、开发总体规划，同时也钦佩还原恢复的施工团队。道理很简单，没有双手的精巧工艺，再好的设计也是白搭。同样，没有总体规划设计的观念，施工团队的双手则是盲目的，失去了大方向。——这便是手脑并用的创造力。人靠它立脚于地球之上。

同年初夏，我路过建国西路，看到又一整块地区在施工，改造保护。那是几十栋建于二、三十年代的石库门，相当壮观，正在旧貌换新颜。

这时候，我开始关注相关信息。从2011年5月18日的《文汇报》我读

还原历史　超越历史——我眼中的"思南公馆"

↑ 思南路老洋房"七十二家房客"多年住下来之后不堪重负的惨状。

半个多世纪，它为缓解上海卢湾区住房困难户作出过历史性贡献。我们还记得墨子的格言，"居必常安，然后求乐。"

先让十户人家有了安，然后求乐。不能先让一家大户有乐，十户困难户无法安身，没有一处遮风避雨的片瓦或栖身之地。城市人口骤增，住房问题便会凸显出来。恩格斯便写过"住宅问题"的文章。最好是人人有屋住，且住得好。在德国西部，我便见到小学老师也住乡村别墅。

今天住房问题仍旧在困扰中国的城市。

到一则消息（附图片），在杨浦区有一座九十"高龄"老厂房（原日本人开办的纱厂）经过改造和利用，已成了时尚新地标性的建筑。

我被感动了！

不久，周启英又邀请我去看看改造保护后的"思南公馆"风貌区，我几乎认不出来我曾经熟悉的地方！

十多年前，我经常来这里访亲走友。因为我有两位同事和朋友是这里的"七十二家房客"。他们的工作单位分配给他们两处亭子间，面积仅为8平米和12平米。两栋老洋房对面相望，每栋老别墅分别有十多家居民栖身，蜷伏，得过且过。

当时我正在撰写《建筑是首哲理诗》，对这一带大约建于1921—1923年的法国老别墅群悲惨命运，我有特别的敏感性。

有则新闻说，拥有223亿美元的印度首富安巴尼正在修建一座带有直升机停机坪的60层豪宅。他和母亲、妻子和三个孩子以及600名全职佣人都将住在这里。

现在我要问：这一家六口能安心吗？！

居住生活空间太小和太大都是不人性化的，都不幸。孔子有句名言："过犹不及。"

思南路一带独立式花园别墅的面积约为550—700平米不等。因为当年有管家、佣人和厨师。

别墅，人类居住（Living in Villas）最佳形式才是最人性化的建筑空间。不论从人的生理和心理层面看都是如此。

上世纪六、七十年代,为了解决上海住房危机,原先为一户人家居住的别墅,变成由十几户居民蜷伏处!(我只能用"蜷伏"这个动词,而不用入住)

五十多年下来,思南路几十栋老洋房已成了佝偻老人,不堪重负!

楼梯、过道堆满了好几家的杂物。——其实是一堆垃圾。当年中国平民大多数人家穷得叮当响,从原先住处带来的马桶、生锈的锅和盆,还有永远不再用的自行车以及纸箱也舍不得扔,只好堆在过道上。

李师母看到刘家占了东角,觉得自己不占西边便是"不合算",吃了亏,于是便把只有三条腿的破桌往那里一摆,上面落着一层厚厚的灰尘,被洗不清的油污牢牢沾住,令人作呕。(这是我亲眼所见)

原别墅的卫生间是独用的,现在是多家合用。抽水马桶发出一股臭味,因为它比粪池好不了多少。每家用后都用自家的自来水去冲,为了节约水,永远冲不干净,留下大小便的污渍便是逻辑的必然。

厨房也是每层(一般为3—4层)三、四家合用。

邻居关系极坏,之间常为空间、水、煤、电而争吵,甚

↑ 外墙受损严重。

我说过,老房子是有生命的。当它受到伤害,损毁,在夜深人静、半窗残月时,它会叹息,会抱怨,会哭泣。啊,老屋旧房的哭。人要用心耳来听。

← 老洋房的内外水、电、煤、通讯等设备以及各种管线杂乱不堪,惨不忍睹!

若是把改造、修缮和整治后的别墅建筑明珠同先前相比较,你会惊叹不已:

"伟哉,思南路项目保护、改造工程艺术!"

还原历史　超越历史——我眼中的"思南公馆"

↑　老洋房在奄奄一息。（修缮、改造前夕拍摄）

代价是惨重的。最后受损害的只能是别墅建筑艺术。

我知道，这是矛盾，而且很尖锐。本书稿无法深究住宅的社会学问题。我的重点是建筑艺术或上海的法兰西文化。

自1949年到2011年有关上海市的住宅问题可以写本专著。它必然会涉及政治、经济、人口等多个领域，说来话长。

至大打出手。于是每户都装了自己的电表或其他什么表，什么线。

都说上海人斤斤计较，估计这种心理同百年来狭窄的居住空间逼出来的有关。每回我上下楼梯都能听到格吱格吱的响，好像会摇晃，这是年久失修，别墅破损的反应。

所有这一切惨状，我都记忆犹新，历历在目，因为那只是十五年前的一幕。（为了说明问题，还是让一组照片说话）

那天当我和周启英看到经改造、得到保护的成片老洋房，都惊呆了！他是生在上海、长在上海的老上海，他当然会从前后对比中得出深刻的体验和感悟。

"这是化腐朽为神奇，"周先生有感而发，对我说。

"这也叫妙手回春，"我说。

从这时起，我便有了写写"思南公馆"的胎观胎动和表达的冲动。写作需要表达欲的有力推动。

深秋季节，在绵绵秋雨中，我独自一人前后三次来到这个新风貌区仰观俯察，最后落座在"思南公馆"内的玻璃咖啡屋，而且一坐就是两个小时。

秋风多，雨相和，我在寻找进入写作的感觉。

↑ 2006年5月思南路的灿烂阳光照耀着老洋房最后破败的景象。因为改造、修缮、整治工程队即将进驻,历史文化新风貌区马上就要拉开帷幕,登场亮相。

→ 请注意这三张图片。我把它放在一起是因为它们说明的是2006年5月改造、修缮和整治前夕同一栋屋的真实面貌。

一家用一个电表,共十二个,估计住过十二户人家。拆走了两个表,说明搬走了两家,还剩下十户。

在八、九十年前,这栋屋只住一、两户人家。

← 原先的厨房是单一家庭独用，改造、修缮和治理之前则是多户人家共同使用。脏、乱、差的环境，房屋受损，便是必然结果。1981—1991年，我在上海有过这方面的经历。

↓ 这是老洋房楼梯严重破损的惨不忍睹状。

当年精美的木雕图案还清晰可见。如果它会开口说，定会讲述许多月斜楼角深藏的故事：旧屋门前荒径，枯草还认旧邻。

我多次上下过这种木楼梯，我还清晰记得它发出格吱格吱的响声。那是不堪重负的呻吟。

天花板被岁月老人严重剥蚀的样子，改造、修缮和整治工程队在实施前作调查时拍摄到的一景，时2006年5月。

只有从前后对比中，我们才能见出整个"思南路项目"化腐朽为神奇，为典丽，为建筑抒情诗的创造性。

→ 请注意思南路上一栋老洋房窗户上方有个较大的圆形窗,这便是法国建筑中的专门术语"牛眼窗"。它起源于中世纪的罗马风风格教堂建筑。

它的不少词汇(构件)走出了宗教建筑范围,为民居(比如别墅)所接受,传播。

别忘了,罗马风风格发端于中世纪的法兰西。"牛眼窗"这种几何图形则是经上帝亲吻过的。谁要真正了解法国别墅艺术,他就有必要熟悉一点法国建筑史。

我们切勿放过一些建筑艺术的细节。"牛眼窗"便是其中一个。

→ 法国中世纪一座修道院教堂的废墟,约始建于1224年,属于罗马风风格。有两个大小不等的"牛眼窗",成了后来法国建筑艺术中一个重要词汇或构件,影响广而深,直到今天,但已经没有了宗教意义。我所在浦东的小区民居便有小的牛眼窗。

自鸦片战争以来,英、法等国建筑语言符号系统开始登陆我国沿海地区,同我国千年传统建筑相交汇,毕竟是件好事。因为它打破了中华建筑千年不变的沉闷和老气横秋的格局。

用历史眼光去审美"思南公馆"风貌区的建筑风格
——人性的建筑空间化

> 我们好像可以回避、绕过一切,却怎么也绕不过、避不开历史。历史的永恒价值在于它可以照亮现时、当前或今天。因为今天来自、脱胎于昨天。
>
> ——自我的2007年《旅法日记》,于巴黎

上海在开埠一百多年的城市文明之旅中,一直处在东西方、殖民与被殖民、传统与现代的激烈碰撞和交汇中。建筑风格或样式是看得见的一种符号语言。今天,它成了城市记忆的载体。

一、关键的10年:1914—1923

我这个人,不论走到哪里,一团自觉的历史意识总是萦绕在我的脑际。估计在我的DNA中历史回忆的元素镶嵌得很深,特别强烈。

"思南公馆"这个名称好像是大户人家的一座府邸,私密性很强,有种闲人莫近的威严感。其实不然,它是完全公开的。从一开始上海市政府就不关注思南路项目的短期(经济)效应,而是力求把它打造成上海永续性的文化资产。——这一决策性的定位是基调,今天来看,非常正确。

"思南公馆"的贴隔壁是"周(恩来)公馆",估计受到启发,才有了"思南公馆"这个称谓。先有"周公馆",后有"思南公馆"。不论从什么意义上去说,"周公馆"都排在前面。从建筑和内部装饰看,"周公馆"更接近历史的真实,原汁原味。

从建筑学和建筑艺术风格去看,这两处"公馆"本是一个大家族,不分彼此,但政治、历史和社会地位却是不可相提并论的。可见一栋屋的意义还取决于屋主人是谁,以及在屋的建筑空间内发生了什么事件?

如果1927年在某栋洋房住过蒋介石和宋美龄,那这座别墅的身价会很不一样。"人与屋"的相互关系超出了建筑学的单纯范围。在谈论"思南公馆"的时候,这点显得非常重要。——这是屋的"名人效应"。

多次站在"思南公馆"的大门前,我仿佛看到有一块无形的牌子上面写着唐代诗人杜荀鹤的一句千古绝唱:

"重到曾游处,多非旧主人。"(《南游有感》)

这便是我的"怀旧情结"。

只有能处处勾起"怀旧情结"的"思南公馆"才是成功的"思南公馆"。

不怀旧,不秋风细雨梦回,不独上阁楼惆怅生,"思南公馆"就不到位!

这里原是花园式独立别墅。古树同老屋合起来,加强了内心的惆怅:

"庭院不知人去尽,春来还发旧时花。"(唐代岑参)

幸好,还有后来人。这便是"长江后浪推前浪,世上新人换旧人"。

从回忆和惆怅中走出来,来到现实,立脚于今天,瞻望明天,才是历史文化新风貌区的健康功能。正是为了实现这个目的,上海市历届政府才坚持不懈地把这里的49栋老洋房保护起来。但是这一切都要追溯到百年前上海的历史……

* * *

历史永远是模糊的。要完全、绝对精确地重现一百多年前的细节永远不可能。

历史探究对象的客观面貌的绝对清晰性是我们无法达到的。我们充其量只能不断地接近它,逼近历史的真实。20世纪德国《圣经》史学家、神学家布尔特曼(R. Bultmann,1884—1976)说过:

在历史探究中,绝不可能获得绝对清晰的客观知识或客观图像。

你对历史现象抱什么样的兴趣,你就会从什么角度去琢磨它。要解释者抹去他的主观性是荒谬的,也办不到!

在历史研究中必须发挥研究者的个性及其想象力。主体鲜明的个性是理解、解释"历史文本"的必要条件。

还原历史 超越历史——我眼中的"思南公馆"

可以说,有些适当主观成分的解释(包括少许历史小说性质的遐想)不仅是允许的,也是合情合理的。这样的解释才是最好、最客观的。——这才是我撰写本书稿的黄金立脚点或"吾道一以贯之"的主线索。

* * *

上海这座城市和她的西洋别墅的历史一直要追溯到鸦片战争之后的开埠,时1843年。

1849年,法国在上海开辟租界。1914年法租界第三次扩张,今天的思南路地块即被正式划入法租界。1920年(即一战后)地块四周道路完全形成。(这点很重要)

可见,从1914年到1923年这大约十年对上海法租界的城市规划和建筑是很关键的十年。

当时的法国天主教教会在这里有块很大面积的土地。今天座落在重庆南路上的天主堂和"修女楼"便是明证。此外还建了一批医院、学校和公园等公共设施,其中包括法国公园(今日叫复兴公园)、震旦大学(现在叫复旦大学医学院)广慈医院(现在叫瑞金医院)。围绕法国公园,在上世纪20—40年代陆续建起了一批高档的花园别墅,与公园、医院、学校一起形成了一个高雅、秀美和幽静的生活区。

1948年,十岁的我曾在辣斐德路(今复兴中路)东头住过半年,常随家人来法国公园,记得在梧桐下我多次见过头戴大草帽的法国少女,增添了四周异国情调的氛围,是我不能忘怀的,尽管至今已过去了六十三个春秋。这已是我一生。所以今天我伏案握笔

↓ 皋兰路(原先的高乃依路)19号别墅山花上镌刻着建造年代1914年。

可见,把建造年代刻在屋子适当的地方是非常重要的一件事。那是履历表。人有出生年月日,房屋也有。因为屋是有生命的。原先的高乃依路同马思南路同属法租界,是近邻。

写写这个历史文化风貌区总少不了我少年时代的记忆,涂上了个人内外阅历的色彩:

六十年至亲皆零落,旧游似梦,夕阳西下,心安处处即是家。

二、法租界几条马路

任何城市化(包括巴黎和伦敦)都是从周边的农田开拓出来的。上海法租界也不例外。思南路是1914年从农田、菜地和河塘中辟出的。

城市化,说到底是城市吞并乡村的过程。这是人欲膨胀的需要。城市是人欲的建筑空间化,包括夜里的灯光。

初起只有从环龙路(今南昌路)到法华路(今复兴中路)一段。次年(1915年)铺上了碎石路面。大约在1918年前后向南延伸至薛华立路(今建国中路),并改铺柏油路。30年代初再向北同霞飞路(今淮海中路)连接。约至1935年便基本形成了今天的格局。

西方城市有用人名命名道路的传统。上海法租界也不例外。

开始是零星的。如1901年(光绪二十七年)以公董局总董勃利纳·宝昌的名字命名今淮海中路、重庆路以西段。

1906年,公董局决议将租界内大多数道路以人名命名。所用人名者绝大多数为法国驻华公使、驻沪领事和其他对开拓上海租界有功者。

第一次世界大战后,上海法租界当局用"霞飞"这个姓氏命名今天的淮海路。霞飞(Joffre, 1852—1931)在一战时任西线法军总司令,指挥著名的马恩河战役获胜,使德军的速决战计划破产。1915年升任法军总司令;次年晋升为元帅,在法国人眼里,霞飞是民族英雄。

此外,法租界当局还用三位法国文学艺术家的英名分别命名马思南路(今为思南路)、莫里哀路(香山路)和高乃依路(皋兰路)。

1914年公董局修建了今天的"思南路",为的是纪念刚在1912年去世的法国作曲家马思南(J.E.F. Massenet, 1842—1912)。

一战结束后的10年,约从1918—1929年,法国渐渐从战争的创伤中恢复了元气,在上海法租界的霞飞路、辣斐德路、金神父路(今瑞金二路)、吕班路(重庆南路)围成的区域规划、设计了上海第一片经过精心城市规划的住宅区,只允许建造西式房屋,必须有卫生和暖气设备。

还原历史　超越历史——我眼中的"思南公馆"

该高级区以马思南路为中心，包括法国公园，南有天主教"伯多禄"教堂和震旦大学（今第二医科大学）和广慈医院（今瑞金医院），东有法国学堂（今科学会堂）。

住户基本上为华人（有不少留法归国者），也有法国人和日侨，三十年代这里的白俄渐渐多了起来。他们多半由哈尔滨迁来上海，职业多为企业家、商人、医生、音乐家和建筑师等。

新筑马路和两边建筑几乎是同步崛起的。各种西式建筑风格都有，"混血儿"并不少见。这是近、现代建筑文明之旅的特点之一。其中包括：

新巴洛克风格（Neo-Baroque，法国巴洛克为主，而不是意大利巴洛克）；英式乡村庭园（English Country House）或英国新伊莎白庭园风格（English Country House Style），以及19世纪英国维多利亚乡村别墅；再就是20世纪早期建筑装饰艺术风格；德国的表现主义和著名的"包豪斯"（Bauhaus，上海新里弄便有它的影响）；以及新现实主义（New Pragmatism）。

这便是上世纪二、三十年代海纳百川的上海海派建筑气度、胸怀和风韵。

→ 这便是法国诺曼底中世纪朝圣香客在路上住宿的小客栈（鸡毛店），属于罗马风住宅建筑风格（桁架结构），保留至今，十分珍贵！它是露明木（骨）架建筑的原点。在往后的许多世纪，法国民居（包括别墅）都还保留了该客栈露明木（骨）架建筑的一些要素（词汇或语句）。继承性是人类建筑文明之旅的最大特点。

用历史眼光去审美"思南公馆"风貌区的建筑风格

这叫"百川异源,而皆归于海"。

何谓大?"有容乃大"。城市建筑文明(建筑符号语言文明)也是如此。这块地区成了一座露天建筑博物馆,令21世纪拥有电脑、电视和手机的我们为之啧啧赞叹。

三、古罗马帝国的别墅

古希腊罗马文明是后来西方文明总的源头,其中包括建筑。比如别墅。英文的"Villa"(别墅)这个术语便出自古罗马。

古罗马贵族一般都拥有多处别墅。比如著名的政治家、雄辩家和哲学家西塞罗(相当于我国西汉时代的人)便有不下7栋别墅。再就是哈德良别墅。

经历了漫长的中世纪后,意大利文艺复兴时期又纷纷修建了一批典丽、高雅的别墅。其中最著名的建筑师是帕拉第奥(A. Palladio,1508—1580)。他所创立的建筑风格(包括别墅)在西方建筑史上被称之为"帕拉第奥主义",由此可见他的影响。上海开埠后,西方人也把帕拉第奥主义的一些词汇(比如窗和柱)带到了上海滩。老洋房上有这种风格的痕迹是必然的。

四、法国巴洛克风格别墅及其后来的演进

为了走近、走进法国巴洛克别墅,我们有必要追溯到法国中世纪供朝圣者在路上住宿的小旅舍或叫鸡毛店,建筑专业术语叫"露明木(骨)架建筑",英文叫Half-Timbered Building。它起源于法国,后来便在德国和英国广泛传播开来,影响既广且深。在上海滩,这种风格

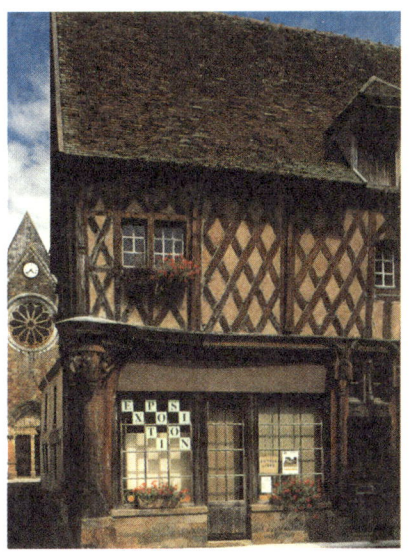

↑ 又是法国一栋古民居,露明木(骨)架结构。
↑↑ 法国历史名城乔尼一栋16世纪末的民居,属于砖木混合结构的露明木(骨)架风格。

↑ 德国纽伦堡广场上的中世纪露明木（骨）架民用建筑（桁架结构）。可见，这种风格的建筑在德国同样风行了好几百年。（图片为建筑写生）

→ 德国（西南部）一栋典型的中世纪同业行会房屋，约建于1480年，为露明木（骨）架建筑风格。

还原历史　超越历史——我眼中的"思南公馆"

的老洋房也是唱主角。"露明木（骨）架建筑"的基本特点是：以黏土或砖块并合桁架。

从建筑语言进化遗传谱系来看，这种起源于中世纪法国"露明木（骨）架建筑"是后来法、德、英民居（包括别墅）的"曾祖父"。

2011年夏日，我和周启英怀着一种"步步寻往迹，有处特依依"的思绪，带着相机在上海西区漫步，仰观俯察。目标很明确：

从城市记忆的角度，捕捉西式老洋房。我和他的内心深处都有一个"老洋房情结"。——"乡梦断，旅魂孤"是该情结的核心。它是千年不变的人性里头的DNA，也是城市记忆的生物学不变元素。

↑　战前德国东普鲁士的老房子（露明木骨架建筑风格，简称木架式）。
↑↑　德国中部图林根中世纪城堡内传统木架式的民居，即露明木骨架建筑风格。它的发源地是法国。

在闲逛中，路过岳阳路，突然在右侧319号看到一块牌子："法国领事馆旧址"（不可移动文物）。

我们不约而同发出了一声"哦"！

在本质上，这是一种长亭道，碧绿一片芳草，只有回乡好的惊喜。周启英当即举起了相机，把城市记忆定格。——别忘了，也是法国人发明了摄影术，时间约在十九世纪三十年代。

在法国原领事馆那栋老洋房，我们从多个角度转悠了半个小时，然后找了一家咖啡屋坐下来神聊。主要内容如下：

1. 在大上海迅猛城市化的进程中，上海市政府毕竟

↑ 岳阳路319号的"法国领事馆旧址"标记牌,表明它是有历史文化保护价值的建筑,有种城市记忆的氛围弥漫。(周启英摄影)

人,只有在一团自觉的历史意识中它才是存在的。一座城市也是这样。大上海由三个环节构成:

昨天→今天→明天

抹去对昨天的记忆,今天就是浅薄的浮萍,即便拥有6 000座摩天大楼拔地而起。

↑　法国原驻沪领事馆,给人城市里的乡村别墅视觉印象。
　　请注意大门口有一对塔什干柱式。在帕拉第奥主义中,该柱式(符号)是个很重要的词汇,它不仅典丽,而且简洁,也经济实用。在建筑学中,经济原理是指导性的考量之一。

↑　从另一个审美角度看法国原驻沪领事馆。请注意露明木（骨）架建筑的深深痕迹。——我指的是桁架结构。再就是凸出斜屋面的、有特色的、高高烟囱。
　　这种风格，这种建筑符号在当年的整个法租界树立了一个样板。

↑→ "思南公馆"风貌区(思南路与复兴中路交叉口上)经改造、修复后的老洋房,有着中世纪法国露明木(骨)架建筑遗风,为我所击节称赞,是可圈可点的一笔,符合历史的真实。

请注意图片中的木架阳台造型,继承了西欧、南欧和中欧的传统要素。

用历史眼光去审美"思南公馆"风貌区的建筑风格

保持了清晰、理性的头脑,注意保护历史文化风貌区及其建筑,是这座城市的幸事。

2. 约建于上世纪二十年代的法国领事馆是一栋典型的法国城市里的乡村别墅。风格为"混血型",主要为巴洛克府邸,源自中世纪的露明木(骨)架住宅。一战后,这栋屋的格式成了法租界别墅的样板,意义重大。

事后,在2011年初冬,我开始进入撰写本书稿的日子,我才意识到,法国原驻沪领事馆的老屋同整个"思南公馆"风貌区的紧密关系。比如:

在思南路与复兴中路交界处便有几栋经修缮后的老洋房(在公馆区内)呈桁架结构状,也就是露明木(骨)架建筑风貌的历史影子。

记得十多年前我经常在黄昏时分散步经过此地,当时的木桁架符号并不明显,现在凸显了,估计是主持"思南路项目"的工程设计艺术领导小组的创造性决定:

用自觉的历史意识去走进历史硬事实的真实,把创造性的视界去并吞、融合原先老房子固有的视界,成为一种更广阔的新视界。

欧洲的巴洛克风格建筑流行了大约两百年(1600—

↑ 这是对准领事馆花园式别墅巴洛克烟囱的一个特写镜头。周启英和我都意识到,"壁炉—烟囱"系统在西式别墅中是个重要构件,有独特的审美价值。抹掉这个系统,别墅便是严重的残缺,也不成其为人类居住的最高形式。

← 这是今天附加在原法国领事馆后面的建筑,呈城堡瞭望台状。这个附加件是对头的,符合欧洲府邸的起源。它原在中世纪城堡内,为领主的宅邸。

欧洲别墅是从城堡领主府邸脱胎来的。这是寻历史的根。"思南公馆"历史文化新风貌区的灵魂正是自觉的寻根意识。

还原历史 超越历史——我眼中的"思南公馆"

1800）。这里只讲法国的巴洛克府邸和别墅。17世纪法国有个重要的巴洛克建筑师：

孟沙（F. Mansart，1598—1666）。

他的绝招是设计贵族气派的府邸，尤其以独特的斜屋面几何造型即呈陡峭的箱形闻名于世，以至于在西方建筑史上有个专门术语："Mansart Roof"（孟沙设计的屋顶，简称孟沙屋顶，即折线性屋顶）。它对18、19世纪法国别墅建筑有着深刻影响。

当然17世纪法国还有两位杰出的巴洛克建筑师：索罗门·德·布罗塞（1571—1626）和路易·勒·伏奥（1612—1670）。

2007年我踏察、造访了法国枫丹白露顶级别墅或府邸艺术。再就是附近19世纪著名的巴比松画家村。我怀有两个目的：

1. 瞻仰杰出画家米勒、柯罗和卢梭等人绘画创作的大小环境（包括森林和田野）。
2. 体验原汁原味的法国农舍和乡村别墅建筑。

↑ 19世纪中叶（马克思青年时代）德国莱茵河沿岸一栋乡村民居木架阳台，使我们把它和前面图片上的木架阳台作一比较。从建筑美学去看，木架阳台给人的视觉以舒适感。图片为19世纪建筑写生，很真实。"思南路保护修缮整治项目"追求历史的真实性。

→ 巴黎一栋18世纪的府邸（别墅）。屋面几何造型正是著名的孟沙斜屋顶，即呈陡峭的箱形。请注意高高的烟囱有多个出烟孔。上海"思南公馆"老洋房的烟囱同图片中的烟囱有隐隐约约的历史继承（血缘）关系。

建筑考古学有助于我们回答什么是真实性？（图片为建筑写生）

↑ 孟沙设计的两栋著名府邸,其立面散发着一种高贵、典丽的贵族气派,以规整、严谨和几何对称美为特征。这里有鲜明的法兰西建筑艺术的神韵。法兰西艺术魂在这里得到了充分的表述。

后来法国人把它带到了上海滩的法租界便是逻辑的必然。请注意下图孟沙斜屋顶的几何曲面,有种数学的绝对美和律动。再就是高高的烟囱造型。

还原历史 超越历史——我眼中的"思南公馆"

↑ 枫丹白露府邸的斜屋顶几何曲面的数学绝对美和高高烟囱的造型艺术。它有别于我国传统的建筑屋面和烟囱。中国人完全忽视了烟囱这个构件,不把它放在眼里。今天我才恍然大悟,"思南公馆"的"祖父"也包括枫丹白露。这里有它的继承根系。(图片为庐山手绘建筑特训营导师叶惠民的写生,2007年6月)

← 我站在巴比松画派著名画家米勒(1814—1875)的故居前,时2007年6月。

这回我获得的副产品是踏察了全村近百栋各种不同造型的乡村农舍和别墅。今天,这段阅历有助于我感受、体认、解释"思南公馆"风貌区以及整个上海法租界的老洋房。因为内心有积累,才有了比较和参照系。有关图片,我手头上握有45张,包括屋顶上的烟囱造型。

↑ 法国巴比松画家村的乡村别墅。（手绘建筑）
斜面屋顶和高高的烟囱是它的两大特点。

今天的"思南公馆"历史文化风貌区的老洋房霍地一下把我带进了对画家村的乡村别墅群的回忆。可见，人的内外阅历影响了、拓展了对"文本"的解释。我确信我有能力吃透、把握"思南公馆"，把它原有的视界融入、吞并进我的视界，成为一个新的、更广大、更深远的视界。

↑　19世纪中叶法国农舍,简陋,寒酸,米勒写生。但正是千百栋这样的屋养活了一座华丽、高贵的府邸或别墅。——我提出的这个尖锐问题属于政治哲学、社会学和经济学的课题,不在本书稿讨论的范围。但当我独自一人落座在"思南公馆"的咖啡屋,想到这个尖锐问题是我作为一个"哲学工作者"神职或天职的"职业"本能反应。

　　其实我这个人表面上闲着,内心一刻也不闲。"我思,故我在。"

↑ 《牧羊女》，米勒代表作之一。

法国诚实、神圣的农业（作物栽培加上畜牧业）有力支撑着法国府邸、别墅，也养育了整个法兰西好几个世纪的科学、艺术和哲学伟大文明传统。

落座在"思南公馆"的咖啡屋想起法国面包和牛奶同法国文明的关系是件很自然的事。

其实我在这里通过米勒的画也触及到了"思南公馆"历史文化风貌区的文明哲学基础。它是无法回避的。

我建议在今天的"思南公馆"一些老洋房的墙壁上挂些法国19世纪的绘画，包括巴比松画派的代表作。

还原历史　超越历史——我眼中的"思南公馆"

↑　法国的畜牧业不仅支撑着法国别墅以及巴黎上万家咖啡馆,也养育了整个法兰西文明,包括马思南的音乐。

他的《沉思》是个空筐,每位听众放进筐里的东西是不同的。

我作为一个"哲学工作者"会思考支撑法兰西文明的第一块基石当是法国作物栽培业和畜牧业。因为它为几千万法国人提供了每日的面包和牛奶(奶酪和羊排)。

今天我才明白过来，"思南公馆"别墅身上的"DNA"一直可以追溯到枫丹白露和巴比松，这恰如今天的人类遗传学家根据遗传基因可以查出成吉思汗的后代有百万人的数量。建筑考古学也有类似情形。建筑的混血或杂交现象是普遍的。

五、英国乡村式别墅

为了走近、审美并解释"思南公馆"新风貌区，我想有必要略为涉及这种英国别墅语言符号系统，包括英国新伊丽莎白庭院风格、19世纪英国维多利亚时期的别墅。

就我本人的爱好和审美情趣而言，我也醉心于英国建筑，恰如我喜欢听英国上流社会说的纯正"英国式的英语"，而不是"美式英语"。前者给我的印象是高贵，典雅，有韵味；后者不免油腔。

19世纪德国语言哲学家洪堡特（1767—1835）有部很经典的著作《论人类语言结构的差异及其对人类精神发展的影响》（1836）。

这部专著对建筑学、建筑哲学和建筑美学也富有启发性。因为从广义语言去看，建筑、音乐、绘画、雕塑、数学公式……也是语言。人类（普通日常）语言与不同民族建筑语言的风格有什么内在的关联吗？

从人体口腔发音生理结构去看，英国人和中国人不会有根本差别，但英语和汉语的差异却是那样大！——这是为什么？

同样是石头、木材、泥巴和茅草这些建材，为什么英国人造的屋同中国人造的屋会有如此大的差异？

↓ 英国中世纪哥特式庄园主府邸。后来的英国府邸和别墅都是从这里演化来的。

领主宅邸一般在城堡内，是城堡建筑的一个组成部分，有防御功能。

还原历史 超越历史——我眼中的"思南公馆"

多次闲逛、仰观俯察今天的"思南公馆",我便会追问上述问题。这样,落座在那里的咖啡屋(有好几家),我的大脑并不闲着。有趣的是,在"新天地"我的潜意识并不会追问有关"建筑与语言哲学"这类学术课题。因为"思南公馆"的特点是以建筑艺术取胜,"新天地"仅以休闲为主,同哲学思考挂不上号。

英国中世纪哥特建筑风格包括两大部分:

宗教建筑;民用建筑(农舍,民居,城堡等)。后来的府邸、庄园和别墅便是从城堡独立出来的,但还带着一种防御性的雄性四起风貌,有种神圣不可侵犯的威严性质。

请注意有个英文建筑术语:English Manor House(英国庄园)。从发展时间顺序来看,庄园在先,别墅这种建筑形式在后。

从中世纪开始,庄园的建材主要是石头、砖头和木材,于是便有了"英国式的露明木(骨)架建筑"。在二、三十年代的上海滩,这种样式的洋房并不少见。在英国,作为庄园最理想建材是(红)砂石和石灰石。不同

↓ 这便是英国伊丽莎白一世领主府邸,典型的露明木(骨)架建筑风格。从这里才演化出了后来的新伊丽莎白英国乡村式别墅。上世纪二、三十年代的上海滩,这种洋房的遗风并不少见。我可以一眼便把它认出来,指出来。

在这里,我们找到了上海一些老洋房的"曾祖父母",也是一种欣慰。——这种觅寻的本质属于建筑考古学。(请注意高高的烟囱,很有气派)

的石材在很大程度上决定了建筑的性格、个性和品质或感情、性情。英国人也是教会石头说建筑语言的高手。

庄园的心脏是大厅。其他建筑空间都围着大厅转。大门引进大厅,其面积也最大。

在英国别墅建筑演化史上,伊丽莎白一世(1533—1603)是重要时期。该时期的府邸以庄严、和谐立面为特征,尤其是凸窗的使用。先有伊丽莎白一世风格,之后才有新伊丽莎白建筑。再后便是英国人把这种建筑符号连同英语一块带进了上海滩。有时候法式别墅和英式别墅并没有泾渭分明的界限,有些要素是共有的,包括"混血"。

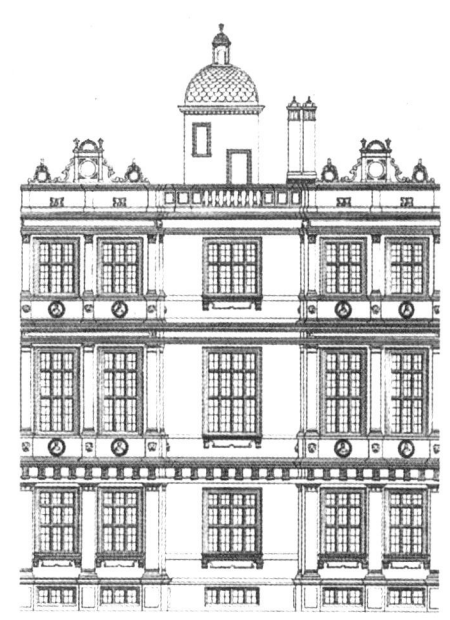

在英国别墅建筑史上,19世纪维多利亚统治的64年是很重要的时期。城市(特别是城郊)和乡村造了许多价格适中、安康、舒适和有品位的住宅——乡村式的别墅。——这种风格的容器安顿了中产阶级的身心。

维多利亚时代这种住宅设计的理念(既不简陋,也不豪华,是符合人性的理想住所)即便是今天21世纪对我们依然有很大吸引力!

↑ 英国伊丽莎白一世朗格里特府邸立面。
凸窗是该建筑风格的母题之一。后来作为英国别墅建筑的一个要素,它被保留了下来。今天你若是在"思南公馆"发现有这种要素的遗风在回荡,你不应觉得陌生、惊讶。

它深深受到拉斯金的影响。——正是他提倡节制、简洁和中庸的标准最符合人性的住宅建筑空间化。(当年的"思南公馆"设计也受其影响吗?我们不能说这几十栋老洋房是豪宅吧?)

拉斯金(J. Ruskin,1819—1900)是维多利亚时代一位百科全书式的人物。尤其是他的有关建筑哲学和建筑美学论著对当年英国建筑设计思潮产生了广泛影响。我指的是他的《建筑七盏明灯》和《威尼斯的石头》。托尔斯泰是这样赞美拉斯金的:

← 今天的上海瑞金宾馆，原为马立斯家族的豪宅，包括三栋风格迥异、贵族派十足的别墅建筑明珠。

图片中这栋屋有明显的露明木（骨）架建筑的遗风。请注意高耸的烟囱，屋内的壁炉艺术性必定是卓越的。这才是成龙配套，上下对称。

↓ 上海西区兴国路上的兴国宾馆（原为英商太古洋行大班Swire的公寓）。

有浓郁的英国乡村别墅露明木（骨）架建筑语言符号系统的遗风。英国人像法国人一样，他们觉得只有住进这种桁架结构的屋，身心才能安定，才是家（Home）。

东西方人的"怀旧情结"都深深镶嵌在他们的DNA中。只有这样去看，才能看透今天的"思南公馆"。

↑ 19世纪英国维多利亚时代砖木结构的乡村式别墅，属于中产阶级的殷实人家，社会、经济地位略低于上海二、三十年代"思南公馆"屋主人。（仅仅是我的分析和判断）

维多利亚时代城郊住宅，砖木结构，价格适中，入住者自然不是劳苦大众，而是中产阶级。在英语中，中产阶级也叫Bourgeois，所以这类住宅同样叫"中产阶级的屋"（The Bourgeois House）。

作为当年一个容器，它收容、安顿了这一阶层英国人的人生之旅。这是一些殷实人家，其中包括高级职员、教授、医生、牧师和工程师。（请注意屋顶上的烟囱）。

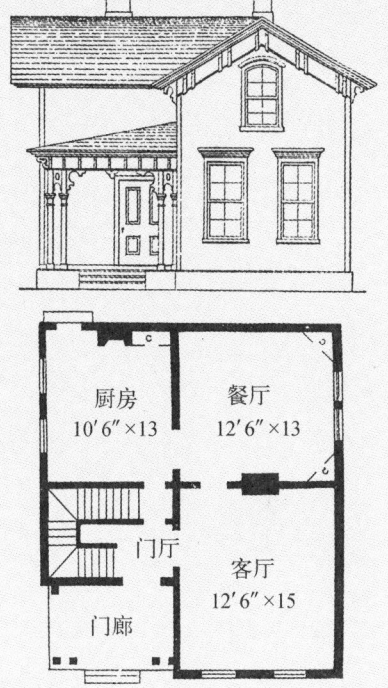

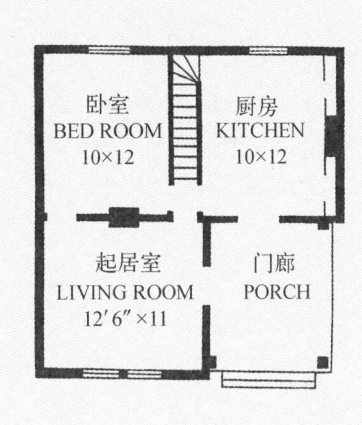

维多利亚时代小康之家的屋。

拥有这样一幢小屋（楼上楼下，电灯电话）是我一生的梦。

烟囱及其帽可以有很高的艺术含量。英国屋非常注重这个构件或细节。中国明清时代的屋则忽略了这个部件，很少有什么诗意。中国古代诗人也很少写到烟囱及其帽的造型，只欣赏从中冒出的炊烟及其诗意：

"孤烟村际起，归雁天边去。"（唐诗）

"水村渔市，一缕孤烟细。"（宋词）

↑ 图片中的示意图有助于我们今天走近、识读、体认"思南公馆"历史文化风貌区的老洋房。

← 维多利亚风格的乡村别墅，安顿了当时的殷实人家。在建筑学、屋主人的地位和存在主义哲学层面上，这类屋同"思南公馆"有可比较处，尤其在存在主义哲学层面上。

　　住进别墅后，人生的"烦"、"苦"、"尘累"并没有根绝。我国古人早就慨叹过："一年漏将尽，万里人未归。"——这是离别的"苦"。

　　"断弦犹可续，心去最难留。"（这是情变的悲哀）

　　"生存多所虑，长寝万事毕。"（孔融，153—208,《临终诗》）

→ 一战前德国东普鲁士（康德故乡）的一栋乡村式别墅。在"思南公馆"，我们也能找到它的明显身影。事实上，欧洲（尤其是西欧和中欧）别墅语言符号系统在许多地方有其共性。所以我才说，"思南公馆"是欧洲诸风格的"混血儿型"。其中也有德国别墅的要素。该要素也加盟进了DNA。

用历史眼光去审美"思南公馆"风貌区的建筑风格

"一切国家,一切时代……最卓越的人物之一。"

今天,当我们把"思南公馆"几十栋老洋房同英国维多利亚乡村式别墅作一比较时,我们理应想到动用系统论的观点去看建筑世界(The Systems View of the Architectural World),即使用鸟瞰也用细部眼光去观照,并把两者合在一起,放进总的框架结构上去审视。——静坐在思南公馆内的一家咖啡屋,我琢磨的,正是这件事。

* * *

上面用粗线条交待了欧洲别墅的历史背景,现在来谈谈"思南公馆"。作为地块的核心建筑共23栋(思南路51—95号),由当时的一家放款银行(义品洋行)统一规划设计,统一建造。23栋共分4排联列,单体建筑为1910年代至1930年代法国最为流行的独立式乡村别墅建筑,但也糅合了其他风格的要素。——我把它称之为"混血型"。百分之百的某种纯风格是没有的!(人种同样是如此。当年希特勒强调纯雅利安种既荒唐也不可能)

23栋的外观简洁大方,雅正,无过多的装饰。红瓦双面坡顶,局部作折屋檐;清水砖叠砌的外墙,墙面拉毛混凝土,外贴鹅卵石,木百叶窗。

二层大阳台旁设楼梯直通花园;西向石阶下通主入口。楼前为大花园,一般约550平米,树种为杨、柳、冬青等灌木、乔木,中间为草坪,围以涂黑色沥青的细竹竹篱,给人村居感:

"短篱寻丈间,寄我无穷境。"(苏轼《新居》)

↓ 2011年初冬"思南公馆"大门。站在这里,我徘徊过,试图推开城市记忆的一线门缝,窥见她的一幅幅图景,也是人生一乐。

二、三十年代的上海，凡是用涂黑色沥青的细竹竹篱围起的住宅，一定是大户人家。直到今天的西区，这个符号仍旧是这个象征，包含了这层涵义。

室内设施齐全，有暖气（当年上海人叫"水汀"）或壁炉两套取暖装置。二层以上均有卫浴设施。于划一中，各栋又有细微差异。（多样性是件好事）

各层布局大致为：

底层为厨房、锅炉房、储藏室。部分为佣人住处，也有部分改建或于旁接搭汽车间用。二、三十年代上海私家车猛增。三十年代初，仅法租界便有12 000辆，思南路花园住宅不会少。

二层为家庭聚会中心或迎宾客处，有大客厅、餐厅、大阳台；有的部分改为书房或主卧室。客厅和餐厅有落地长窗，闭则合之，启则开之，可作家庭派对用。三、四层均为卧室。

地块也有一些风格迥异的建筑，如万福坊、伟达坊和重庆南路的两条均为新式里弄。（后面我会专门讲到）

复兴中路沿路从515号、517号起至537号均为英国联体式花园别墅，其中有半木架式，糅合了欧式建筑的若干要素，倒也显得协调。

至1914年，法租界已开辟半个多世纪，形成了中外冒险家、暴发户一族。加之当时政局与社会动荡，期望租界特殊环境的庇护，作安乐寓公或预留退步的新旧显贵（各省军政首脑）也越来越多地出现在租界区。

为了满足这些人对建筑空间的需要，20世纪头二、三十年，租界兴起了营造豪华住宅的第一次高潮，并把当时的科技成果用在市政建设和别墅建筑工程上。

其时，法租界当局有意把他们管辖的市区打造成"东方的巴黎"，率先引进了最新的城市管理理念、规划和市政设施，以及对住宅小区的营建作了一系列规定。比如建造前必须将设计图报给公董局工程师审批。施工中如有更动又须另行报批。

六、新式里弄

从北京迁来上海30年，我骑了20年的自行车，大街小巷几乎走遍。新式里弄更不在话下。因为我偏爱这种"建筑场"。北京没有。

从建筑学看，所谓上海新式里弄住宅区就是在新式石库门里弄的基础上演变而来的一种新类型。——这便是"主题变奏"。

用历史眼光去审美"思南公馆"风貌区的建筑风格

它最早大约出现在上世纪20年代中期。每家入口处的石库门消失了,代之以总的铸铁栅栏大门。小天井亦被取消。形式上更多地模仿西式,较少采用中国传统装饰语言符号。大量采用钢筋混凝土构件。(但承重结构仍为砖墙)水、电、煤卫设备比较齐全。较著名的有静安别墅(1929年)和霞飞坊(1927年)等。

今属于"思南公馆"风貌区的新式里弄算不上是典型的新式里弄。

但经过此次改造、修缮和雕琢后,这几条不多的里弄却从电线乱拉,阳台养鸡养鸭,大门口摆着葱油饼摊,霍地一下像川剧变脸,成了今天从沉甸甸的历史烟尘混浊中,沁润出了21世纪的时尚、高贵和闲适的气息,令我惊讶!

↑ 保护性改造、修缮和整治前复兴中路537弄原新式里弄脏乱差、电线乱拉的情景。

我熟悉这里。十多年前我常来这一带作客。我有位从事哲学研究工作的同行在这里居住。我和他常常从他的寒酸屋走出来,去对面的复兴公园继续神聊"世界哲学"(World Philosophy)。

↑ 沿复兴中路(原法国公园对面)有一片不大的新式里弄(建于三、四十年代),经改造、修缮和整治(属于"思南路项目")之后旧貌换新颜的建筑场域情景。

请注意街灯这个细节。我在这里徘徊过多时。我不能不叹服"思南路项目"起死回生的"第二次创造"能力!

适当地把现代建筑元素(语言符号系统)融入其中(比如街灯造型)也是成功的原因之一,为我激赏。

↑ 实施"思南路项目"前的复兴中路一片原新式里弄之一角。对这一带的墙、柱、屋顶、门窗、阳台和采光……我相当熟悉。所以对该项目"十年磨一剑"的成就,我比一般人有较深一层的体验。因为比较出真理,见真情,显真貌,露创新——历史和现实相交汇的创造力。这是"思南路项目"所追求的。今天,该项目的目标达到了。

↓ 这是修缮、整治完成之后的小巷和后墙。

→ 今天的复兴中路原新式里弄开了几家咖啡屋和西餐馆,这是其中一家The Coffee Bean,里面很典雅,亮丽,我常落座在此,享受宇宙咖啡闲吟客的意境:

"泪眼描容易,愁肠写出难。"(唐诗)

同十多年前相比,这里是换了人间! 来这里走走,坐坐,品味,是种享受,贵族派加上21世纪的时尚,怎不是享受? 这也是"醉"的方式。

↓ The Coffee Bean & Tea Leaf(香啡缤)内部的辉煌。我只要往这里一落座,便会想心事。宇宙咖啡闲吟客的性情和特点是"我思,故我在。"

出咖啡店向右转,附近是"修女楼"和天主堂。再次追问"上帝是谁"是我无法回避的功课。

天体运转不息,群星闪烁,地球上的生物多样性皆有其自身生长的法则,肯定有某种主宰宇宙的更高意志(Superior Will)和更高权力(Superior Power)的神圣存在。

这便是我心目中的上帝。房屋有人造;太阳、地球、月亮、星星……则只能出自造物主的神手圣功。

这便是我心目中的上帝。信仰这样的上帝是智信,不是迷信。"思南公馆"养育我的智信,善养我的宇宙宗教感情(The Cosmic Religious Feelings),所以我偏爱泡在这里的咖啡屋,善养吾浩然之气。

↑ 沿复兴中路的思南公馆项目（改造后的新式里弄）。走在这里有种心爽神爽感觉，表明了项目的成功。

→ Haagen Dazs露天座，顶端接复兴中路，非常有情调。这才是闹中取静，音韵于弦指外。

→ 根据"思南路项目"的总设计，经修缮、整治、改造（雕琢）后的新式里弄（公馆内）建筑场域——巷子深深，让我会情不自禁地再次想起唐人的诗句：

"芳草衡门无马迹，古槐深巷有禅声。"

21世纪的人有回忆、眷恋古巷和古老民居的情结。2012年2月2日德国总理默克尔访问北京，重点参观、欣赏了南锣鼓巷的传统民居即能说明问题。

↑ 改造、雕琢后的新式里弄（公馆）内散落着二三十家咖啡屋和西餐馆。这里的建筑艺术吸引中外顾客纷纷举起手中的数码相机。——好几次，我见到过这种情景，说明整治、改造（建筑工程艺术）是成功的。

这才是"两句三年得，一吟双泪流。"

这叫"人同此心，心同此理。"

↓ "思南公馆"内新式里弄巷子深深散落着多家富有性情、情调和品位的咖啡屋和西餐馆。这是其中两家。有一家是哈根达斯。

这里有"气韵生动"。人含气而生。屋子、巷子又何尝不是如此？

我爱落座在此，说白了，是我偏爱这里的建筑场域的"气韵生动"；它有天韵、高韵、情韵、神韵、风姿神貌。——这才是我一再说到的贵族派。在本质上，它应是21世纪中华民族的气韵和素质，也应是时代精神所使然。个人无法形成贵族派。

← 从改造和雕琢后的新式里弄看驶过复兴中路的公交车。对面便是复兴公园。

透过弄堂空间间接看马路，有别于站在路边直接看车水马龙。我国古人重视楼、台、亭、阁的审美视角和效应。其实，穿过弄堂空间间接看城市景物也会有一种奇特的美学效应。它容易勾起人的历史感和人生无常感：

"江山不管兴亡事，一任斜阳伴客愁。"（唐诗）

如果这片历史文化风貌区不能勾起你内心的根本惆怅，那还是历史文化风貌区吗？

↑ 从改造后的里弄往外界看，正是复兴中路。这时，弄堂的作用不在弄堂本身，而在间接通过弄堂狭长空间进入到外部较大空间，把外部较大空间吸收进来，这才是"坐观万景得天全"的效果。路灯细节很有情调，切勿匆匆走过，要驻足三分钟，细细品味一番。

"思南路项目"的成功标志之一是它保护了历史街区的空间格局和街巷尺度。

↑ 这是2004年我在南部德国一小镇拍摄到的一条巷子深深空间。

人的视觉透过巷子这个独特建筑空间去窥视外部世界,会有一种难以言表的印象。——我国古代诗人早已意识到,借助于楼(尤其是阁楼)、台、亭、阁去远眺山水会产生一种异样的审美效果。所以北京颐和园有块匾额叫"山色湖光共一楼"。

深巷、楼、台、亭、阁的审美功能都很独特、卓越,不可替代。

↑ 经改造、雕琢过的街头巷尾。原街巷尺度保留了。这很重要。

在本质上这种独特的巷尾建筑空间(场)是一首大城市的散文诗:

"静极却嫌流水闹,闲多偏笑野云忙。"(韦庄《山墅闲题》)

街头巷尾的价值在于它营造了城市里的乡村氛围,缓解了当代文明快节奏的压力。——这也是整个"思南公馆"这片历史文化新风貌区的总体效应。

→ 经改造、修缮和雕琢后的原新式里弄一栋屋,复兴中路509弄2号。

我们不能不叹服装饰工程艺术的第二次创造力。如果说建筑师是仅次于上帝的人,那么,装潢工程艺术家则同当年的建筑师并肩站在一起。

每回来到"思南公馆"闲逛,我的内心便会冒出对整个项目团队的深深钦佩情怀!

←↑ 经改造、雕琢后的复兴中路原新式里弄的细节美。——这是整个"思南路项目"取得的成就之一。具体来说，它是装修工程艺术家创造力的显示。这才是小中见大，虚中有实，实中有虚，或藏或露，周回曲折，自有诗意从中透露。

← 伊莎莉赛（Isalisse）是家叫爱尚的珠宝店，把一张时尚的桌和两把椅子往自家门口一摆，作为一个有个性、有性情、有面目的小小符号，也是可圈可点的一笔。所以我举起了胶卷老式相机。我问过营业员，摆张桌和两把椅子，仅仅是为了让过路人歇歇脚。多有情调啊！

至今我不愿抛弃跟随了我多年的Canon相机和胶卷而用数码，表明我血管里的"喜新恋旧"DNA。

事实上，整个"思南公馆"的本质也是一个"喜新恋旧"的建筑场域。它是人性的建筑空间化。

↓ 公馆内经改造、雕琢过的原新式里弄建筑场域呈现的情调、性情和面目吸引了专业摄影家的镜头，是我多次亲眼所见，2012年元旦过后。

↑ 这是2012年元月我在"思南公馆"内拍到的一景。

一株木叶落尽的幼树伫立在寒冬中，它的背后是法国巴洛克烟囱，富有一种萧瑟、冷峻的美。

树（仅仅是幼树，还不是百年老树）是上帝吟唱的歌，巴洛克烟囱则是建筑师写下的诗。两者合而为一，加深了"思南公馆"的诗意诗境，实为深层的审美。大自然造了树，仰望星空，是在向宇宙－上帝（Universe-God）虔诚地祈祷。

← 寒冬"思南公馆"建筑场域内木叶落尽的树是我重点审美的对象。我国的古诗理论强调"风骨"。在我眼里，老洋房同光秃秃的树组成的一个句子，便富有一种奇异的风骨。这也是我国画论中的"气韵生动"表现。

请注意远景中的烟囱，有五个排烟孔，给人秀美兼壮美的节奏感。——这已经是凝固的音乐了。

在"思南公馆"，要听出用肉耳听不出的音乐。

七、思南路的四周大环境

在这里,我所说的"大环境"是指什么?

2003年上海市政府确定了十多个有特色的历史文化风貌区。其中一个是"衡山路—复兴路"。按我的理解,今天我笔下的"思南路历史文化风貌区"当属于"衡山路—复兴路"这个大区。

整整三十年来,我作为一个新上海人,走遍了这个大区。可以说,在某种程度上我认识了这个大区的几乎每一栋有特色、有建筑艺术价值的屋(仅仅是从外表几何造型)。这种初浅的认识却成了我今天伏案握笔写写读者手中这本书稿的积累。

一块高档住宅区——历史文化风貌区——不是孤立、绝缘的;它要得到四周大环境(自然环境和建筑场)的支撑,构成一个相应的大背景。

假设思南路四周全是屠宰场、垃圾站和荒山野坟,那会是什么景象呢?那还会有风貌区吗?

1981年我刚从北京迁来上海便住进了淮海中路我的工作单位社会科学院四楼办公室;一直住到1988年。几乎每天下午或晚饭后我都会出来散步。后来我才明白,8年来我转悠的范围正是当年二、三十年代法租界的精华。

我特别喜欢这一带的老洋房,尤其是从斜屋面耸立出很高、几何造型很有派的法式烟囱。它好像在跟我说些什么,当我站在那里不动,仰头看它的时候……

作为一个建筑符号,法式巴洛克风格的烟囱每易被人忽视。逛淮海中路的少男少女只管把眼光盯住橱窗,绝不会抬头看一下烟囱,更不会听它喃喃地述说,告诉你这一带的百年沧桑:

"**醉心忘老易,醒眼别春难。**"(白居易《晚春酒醒寻梦得》)
老实说,这也是我多次泡在"思南公馆"这片历史文化风貌区的内心感受和体验。

我偏爱这一带建筑风格的多样性以及它的典雅、高贵和秀丽气质。——这是不奇怪的。早在1900年10月10日法租界公董局董事会便决议,这块地段只许造砖石结构的西式楼房,并与道路保持10步的距离,用于辟建花园或种树。

这种理念源自17世纪"巴洛克城市规划"（The Baroque City Plan），法国人把这种传统带到了上海滩，对我国近代城市文明毕竟是个推进。因为上海先行，然后内地城市跟上来。

根据我多年在法租界仰观俯察的结果，至少有以下八处值得一提。在这里，我要再次声明，读者手中这本书不是什么历史学术专著，我不以追求严谨和确凿的历史事实支撑为己任，模糊和不确定为我留出了想象力的空间对我反而是件好事。我只想表达我对这个风貌区的一些东鳞西爪的感觉印象，试图从纷然杂陈的历史现象和飘浮不定的往事烟云中见出一些永恒的东西，然后同诸位读者分享。——这便是《圣经》（箴言）所说的：

"你与我们大家同分；
我们共用一个钱袋。"
"Throw in your lot among us;
We will all have one purse."

这便是我在本书稿"献辞"中交待过的：

我不追求历史硬事实的真实，只追求软真实的艺术。——这是我撰写本书稿的指导性原则。

（一）原法租界公董局（最高决策权力机构）便座落在霞飞路上，今淮海中路375号。我刚迁居上海时，这里是比乐中学。今天在墙上有一块文物保护牌子："优秀历史建筑"，1994年上海市政府公布。（政府又做了一件好事！"思南公馆"的保护、改造和整治是好事的继续）

牌子上写着：建于1909年，墙体用红砖砌筑，新古典主义风格。（整个公董局已被拆除造了摩天大厦，只保留了大门，为一幸事）

今天我才明白，先有公董局这栋红砖新古典主义的法国建筑，之后才有整个"思南公馆"历史文化风貌区。何况，"马思南路"（今思南路）的命名也是在这座建筑内决定的。上个星期，我去"新天地"路过这块牌子，又在它面前站了很久。我想到"思南公馆"同这里的逻辑关联。公董局决定了法租界的命运。从中我引申出一个东西方文明相交汇的哲学课题：

还原历史　超越历史——我眼中的"思南公馆"

鸦片战争后，西方列强在上海开辟租界的后果是什么？涉及面很广：政治秩序、经济秩序、社会秩序和人的内界（精神）秩序。——这里包括宗教，文学艺术，建筑，音乐和绘画。

别忘了，1921年中国共产党成立这个重大事件是在法租界一栋石库门房子里发生的。门楣上的雕塑图案是很典型的法国巴洛克语言符号。

深入论述我在上面提出的课题，要各方通力合作。今天我笔下的"思南公馆"也是从另一个侧面的一种尝试，一种努力。

2010年我创作了一部40万字的长篇历史小说《上海白俄拉丽莎》，故事发生的地点正是法租界，离思南路不远。

在揭示上述东西方文明相碰撞、交汇和融合这个重大课题的时候，历史小说的语言也应到场，而不是沉默不语，袖手旁观。在创作手记中，我写下过两段，在某种意义上，它也适用于"思南公馆"：

A. "作家以经过筛选和提炼过的回忆的力量，对时间一去不复返的冷酷和无情作出有效的抗争和搏斗。"今天，当你和我，还有他或她落座在思南公馆57号和59号咖啡西餐厅或 复兴中路523弄1号 The Coffee Bean & Tea Leaf, 以及5号的Häagen-Dazs，在本质上难道不是牢牢地站在"今天"这个最重要的环节对"昨天"的回忆吗？

当然，每个人的回忆都是经过你筛选和提炼过的。当我们愈是感到回忆的力量，我们便愈加觉得自己的存在。这时，"公馆"风貌区对你的吸引力也就愈大。最后你会流连忘返，成为它的回头客。这时候，也只有这时候，你才会体认到唐诗的妙绝：

"此夜断肠人不见，起行残月影徘徊。"（唐·顾况《听角思归》）

在"公馆"庭院，我就见过古树树梢上的一弯残月，顿时便有一缕惆怅思绪萦怀。

若是生不出惆怅，那还是"思南公馆"吗？"思南公馆"的魅力便失去了一半！若是"公馆"具有这种令人惆怅的功能，只是由于你的内心（精神构造或素质）有所欠缺，生不出惆怅，你就要回去努力补课，提升自己。惆怅是人生成熟的重要标志之一。它涉及人的幸福指数。——这是很奇怪的心理现象。惆怅会增进一个人的幸福指数！

↑ 法租界的石库门大门门楣上多有这种法国巴洛克雕塑图案。
据我漫步时的仰观俯察,这种图案保留至今的还有不少。这是城市历史的一段记忆。它记录了中西建筑文明相交汇和融合,毕竟是件好事。(图片自上海法租界石库门)

B. "历史小说是作家同时间永不回头的箭头所作的一次狠狠较量。尽管最后败下阵来的永远是人,但作家奋起格斗的勇气和较量过程本身却是悲壮的胜利或胜利的悲壮。"

这难道不是我们每个人的人生之旅(人生一场)所追求的意义、价值和目的吗?

是的,悲壮的胜利或胜利的悲壮。

只是历史小说家表现得更典型,更热烈罢了。漫步在"思南公馆",我们每个人都必须意识到休闲后新一轮的奋起格斗。

这便是"生存的勇气"——The Courage to be.

是的,"思南公馆"的每栋屋、每株老树不是叫你消沉、虚无和人生如大梦一场,而是获得"The Courage to be"。

"公馆"既是一本建筑美学的经典著作,也是一部有关人生哲学的书:

"去日已去不可止,来日方来犹可喜。"

(二) 莫里哀路(今香山路)和高乃依路(今皋岚路)

这两条小马路的两旁散落着不少老洋房。今天这里也比较安静。二、三十年代便是幽静、雅洁了,非常适宜居住。至于这里为什么叫"莫里哀路"、"高乃依路"估计同公董局的首脑对法国古典文学的爱好有关。——因为这两条路同莫里哀和高乃依并没有逻辑上的必然联系。他们从未在此落脚过,哪怕是住宿过一个晚上。

莫里哀(1622—1673)是法国巴洛克时期杰出剧作家,自幼酷爱戏剧,莫里哀是他的艺名,一辈子以演戏和写戏为生。他擅长模仿各种人物的语言和动作,用生动的台词吸引观众,使其沉醉于戏中,对欧洲的喜剧艺术产生了深远影响。伏尔泰称其为"描述法兰西的画家。"(用舞台戏剧语言"作画")

一生共创作过37部喜剧,代表作有《伪君子》、《吝啬鬼》和《没病找病》(又译成《无病呻吟》)。2011年10月27日,拥有331年历史的"法兰西剧院"把镇院之宝——莫里哀剧作《无病找病》亮相北京国家大剧院。

高乃依(1606—1684),法国古典主义(即巴洛克时期)悲剧代表人物之一。

另一位代表人物是拉辛(1639—1699)。一战后上海法租界当局用高乃依命名一条路是件好事。其实，再用拉辛去命名另一条，把"陶尔斐斯路"（Dolfus Route）换成"拉辛路"更好，法兰西文化便更浓，对二、三十年代的上海舞台戏剧艺术是种借鉴和促进。（陶尔斐斯路即今天的南昌路）

老实说，法国中世纪（842—1515）文艺成就远不如中国。汉魏六朝诗歌和唐诗远在法兰西文学之上，两者不可同日而语。但到了17—19世纪，法国却遥遥领先，后来者居上。

高乃依是四大悲剧的作者：《熙德》、《贺拉斯》、《西拿》和《波利耶克特》。《熙德》一剧的艺术特色首先表现在悲剧冲突的巧妙设置上。1985年前后好几年，每当我漫步在高乃依路，便会情不自禁地记起他的悲剧设置的三级冲突原则。它们彼此联系，互为因果但又各有侧重。

新冲突的设立，总是解决、淡化或转化了前一级的冲突，但又正是在前面冲突的大前提下发育、生长出来。三级冲突，环环相扣，波涛迭起，为高乃依悲剧世界的逻辑结构。

世界就是结构。舞台悲剧世界有结构，现实世界悲剧也有其结构。

戏剧艺术是时代的一面镜子，戏剧（尤其是悲剧）是时代精神和结构的缩影。

二、三十年代的上海和中国迫切需要反映时代精神和结构的悲剧。很遗憾，高乃依的悲剧并没有产生重大影响。相反，当年流亡上海的白俄（总人口大约三万）所组织的俄国剧团则十分活跃。比如：

成立于1933年8月的"上海俄国话剧团"。创始人是著名俄侨女表演艺术家普里贝特科娃。该团是为满足广大俄侨对舞台戏剧艺术的渴望应运而生的。他们与"巴黎大戏院"及法国公学谈妥，既演出轻音乐喜剧、短剧，又演出严肃剧目。仅在1933—1934年便会演了24部话剧，主要是：

果戈理的《钦差大臣》；契诃夫的《樱桃园》；陀思妥耶夫斯基的《罪与罚》；屠格涅夫的《父与子》。

在开办十年中，上海俄国话剧团对上海法租界和整个上海的文化生活起过极大作用。——这才是当年"思南路"四周大环境一个非常重要的组成部分。谁要谈论二、三十年代的"思南路"四周大环境，他就无法回避俄侨（白俄）的硬、软两手实力。软实力是指俄国话剧、音乐、芭蕾舞和建筑艺术，当然还有文学、绘画和出版业。

（三）上世纪二、三十年代法租界的霞飞路氛围是当年马思南路（思南路）别墅区最核心的大环境。它同白俄现象是分不开的。

霞飞路是俄侨聚居中心，尤其是富俄（企业家、富商、医生、工程师、建筑师、音乐家和其他艺术家）几乎都在这一带落户，活动。

最主要的俄侨商号、银行、医院、报馆、俱乐部、杂志社、出版社和图书馆也分布在这条马路及其四周。

故霞飞路又叫"东方圣彼得堡涅瓦大街"。尤其是咖啡馆和西餐馆，业主多为白俄，比如：

"弟弟斯咖啡餐厅"（DD's Cafe Restaurant），以及"弟弟斯夜总会"（DD's Night Club），便在霞飞路813—815号，有乐队伴舞，该店营业额极高，在三十年代的上海，谁人不知，谁人不晓？业主正是白俄德沃列茨，经理是洛吉诺夫。

我确信，当年马思南路一带的屋主人（比如从法国留学归来者）便是这里的常客。——作这种推测是合情合理的，并不牵强附会。

再就是霞飞路1214号的"客瑞宫咖啡馆"（Cascogne Cafe），业主是白俄斯韦尔任斯基，经理是巴里诺娃。

"阿尔卡扎尔咖啡餐厅"，也在霞飞路643号，业主是著名的俄商利亚林。

"茹科夫餐厅"也开在霞飞路，690号，业主为白俄茹科夫，每天在《上海柴拉报》刊登当天菜单，并接受电话订餐。

库兹明花园餐厅也开在霞飞路上，业主库兹明是上海最早开设餐厅的俄商之一。那里的俄国大菜（包括罗宋汤）对法租界的西方侨民以及马思南路一带高等华人富有异国口味的吸引力。——这些人常来这里尝个鲜，这不是逻辑的必然吗？

马思南路一带别墅群的上层居民需要霞飞路一条繁荣商业街来满足对"美丽乐"的追求。

哪有同繁荣商业街绝缘的别墅区？高级住宅区永远同高级商业街构成一个相互需要的整体。拿掉别墅区，霞飞路也能够日夜繁荣，照样五光十色，琳琅满目？

用历史眼光去审美"思南公馆"风貌区的建筑风格

即便是今天21世纪,我们走在淮海中路上,仍旧能见出当年霞飞路两旁商店时尚、高档和贵族气派的痕迹。当我觉察出这种痕迹,我便会把当年马思南路历史文化风貌区联系在一起。

这种察觉要依靠通感和统觉,即感觉的复合。橱窗的灯光是一个重要元素。往往我用鼻子还能嗅出当年霞飞路上高档商店的典雅气息。——那是顾客从高级花园住宅区带来的,久久飘香,散不去。

二、三十年代著名的"老大昌法兰西面包厂"的总店便在霞飞路873—877号。其分店分布在上海多个区。

1934年建成的霞飞商场(由俄国建筑公司承包营造)也座落在霞飞路,共27间店面和10间套房,租户基本上是俄商。

伊万诺维奇绸布店和欧罗巴绸缎店也分别座落在

↑ 今天淮海中路两旁二、三十年代的法式建筑。底层为商店,楼上既作办公室,也有住家者。总之,从中透出来的是富裕、舒适和典雅风韵。——这里有当年霞飞路上的遗风。

← 今天淮海中路上海社会科学院(作者原单位)所在弄堂口的一排店铺阳台,它同法国梧桐组合在一起,弥漫着法兰西文明的气息,与马思南路历史文化风貌区是遥相呼应的。——这是气场的相通。

这里既有历史硬事实的真实,也有软真实的"天上人间梦里"的诗意。昨天和今天,同一条马路,胜地重游,华梦相续。

霞飞路479号和831号,业主又是俄侨伊万诺维奇和图钦斯卡娅(女)。

巴黎皮鞋店、摩登皮鞋店、欧罗巴皮鞋店、维也纳皮鞋店、德柳克斯皮鞋店和斯卡里茨皮鞋店等在霞飞路上组成了一道醒目的橱窗。业主均为俄侨。——的确,谁能否认,男女脚蹬一双时尚的鞋,会让你的脚下生风,男人更显绅士派,女子则更有名媛贵妇的迷人气质呢?这才同花园住宅区"门当户对"。

(四)法租界上的"圣尼古拉斯教堂"、新乐路"圣母大堂"、西爱威斯路(今永嘉路)"圣母修道院教堂"和复兴路"圣母堂"共同构筑了"马思南路"四周大环境的一个重要侧面。

所有这些宗教建筑均为俄罗斯东正教教堂。它们给法租界增添了异样色彩和氛围。当年上海西区没有摩天大厦,钟声可以远播。除了钟声扣白云外,还有:

"万叶秋声里,千家落照时。门随深巷静,窗过远钟迟。"(唐诗)

在马思南路花园别墅区听来,当是"窗过远钟迟"。

听钟要远,不可近。晚祷钟声隐隐约约从远处飘进窗,效果最佳。

重庆南路上的法国天主堂钟声既不远也不很近,宗教心理和美学效果也会给人深刻印象。当然,这要求人用神听,而不是用肉耳(生理耳)听。只有用神听才能达到唐诗的境界,它同花园别墅建筑场是息息相通的:

"听钟烟柳外,向渡水云西。"(唐诗)

拿掉四周教堂钟声,马思南路花园别墅区在听觉上便是单调、寂寞和残缺,也是听觉的贫乏。高级住宅区若是得到教堂或寺庙钟声的支撑,底蕴便会变得丰厚、深沉,幸福指数也会大增。——这条心理学原理今天还成立,管用。

当然,港台歌曲,流行歌曲也是声音,但它们是世俗的,无法代替教堂或寺庙的钟声:庄严、神圣和肃穆。人性有不同层面,不同层面要求不同声音来安慰。空筐结构的钟声层面最深。多次旅居德国、法国和荷兰,我有过感受、体验别墅卧听暮钟的经历。

前面提到的"圣尼古拉斯教堂"座落在高乃依路(今皋兰路)。1932年,格列博夫(白俄)中将发起在法租界建造一座教堂,目的有两个:

满足日益增长的俄侨对宗教感情的需要;纪念已故沙皇尼古拉二世。

在不到一年的时间即募到10万银元,并向中国人丁济万购得地块。

教堂于1932年12月18日举行奠基仪式。有1千多名俄侨参加庆祝这一宗教盛事,其中包括格列博夫中将等多名沙皇将军,以及公共租界工部局和法租界公董局的代表;还有英国远征军司令和美国驻沪海军司令等。①

教堂建筑工程进度极快。

1934年3月31日,圣尼古拉斯教堂举行了建成后的"祝圣礼"。整个教堂全部竣工只用了不到一年半的时间!金色圆顶大小共9个。在教堂外墙的大理石上用俄文、法文和英文三种文字镌刻着教堂的全名。——在上世纪三十年代上海的法租界,这也是一件文化盛事。该东正教堂的落成是多元文化在上海滩相交汇、融合的一个凸显符号,归根到底它丰富了、营养了我中华文明。这才是它的真正意义。因为教堂建在中国的上海大地上;晚祷钟声也在黄浦江两岸的上空久久回荡:

梧桐落叶秋风起,日暮不堪闻钟声。

这也是距今七十多年前上海"衡山路—复兴路"历史文化风貌大区的精华之一。法兰西文化同俄罗斯文化在这里相碰撞、相融合营造了法租界的精

↑ 落成于1934年的高乃依路上的圣尼古拉斯教堂,因为三万白俄是日夜寻找上帝的人(God-Seeker)。没有上帝,没有沙皇,这些传统的俄人便几乎活不成!

该教堂的位置恰好在法租界"衡山路—复兴路"之间,为一道文化风景线。人是这样一种动物:

没有上帝,人也会假设出一个上帝,这样,他才会心安理得,"日日是好日"。(禅宗语)

---

① 自汪之成《上海俄侨史》,上海三联书店,1993年,第403页。作者汪先生是我在上海社会科学院欧亚研究所的同事。我们同在一间办公室。他研究俄罗斯问题,我研究德国问题。我经常同他讨论二、三十年代的白俄(俄侨)现象,受益匪浅。在这里,我要对他说声"谢谢!"

还原历史　超越历史——我眼中的"思南公馆"

↑ 新乐路上的"圣母大堂",设计者为著名白俄建筑师兼画家霍诺斯。教堂外形类似于莫斯科"救世主教堂",于三十年代建成,为法租界一道亮丽风景,也是衬托马思南路别墅群大背景的一个文化、精神元素。大背景同花园住宅群是绿叶红花的关系。这是相互的需要。

神厚重。——这种厚重涵盖了"马思南路"一带则是逻辑的必然。

俄人复活节的狂欢盛况空前。白俄男女高唱赞美俄罗斯和沙皇的歌曲,久久回荡在法租界的星空底下,大地之上……

这个侧面也凸显了"海纳百川"海派文化的心胸和气度。——这才叫"有容乃大",也是当年马思南路花园别墅群四周大环境的一个重要元素。

拿掉所有这些重要的精神性质的元素,别墅群仅仅是一个干瘪的空筐或外壳。别墅,人类住宅最高形式,永远不能脱离我在这里强调的精神元素。——这条原理同样适用于今天21世纪的别墅区。

(五)法租界的白俄。

1917年十年革命后,大批沙皇俄国的将军、贵族和知识分子流亡到了上海滩。当年的上海是个开放性的、自由的国际贸易商港(世界第七大港)。来自世界各地的人们不必手持签证护照,皆可进入大上海。法租界对俄人尤其友好。这有历史渊源:

1789年法国大革命,大批法国贵族逃亡俄国。一百多年后,上海的法租界以同样的友好态度双手欢迎白俄精英来此避难。所以公董局(共设市政总理处、公共工程处、警务处,以及医务处、火政处等)有不少白俄在此供职,表明法、俄的传统友谊。自18世纪以来,俄国上层社会一向以能说法语为荣。二、三十年代,法租界弥漫着浓浓的俄罗斯气息,并加入到了原先的法兰西文化风韵中,成为多元文化格局,是当时的一大特色。归根到底,它丰富了我中华文明。

(六)在今天的卢湾区重庆南路、瑞金二路一带,集聚着多所大学、博物院和医院。上世纪初参照法国大学规制建校的震旦大学(原吕班路,即今天的重庆南路)设医、法、理工这三大学院,附设博物院和附属中学。

三大学说院院长均为法国人,法籍教职员工计60多人。震旦大学西面便是著名的圣玛利亚医院(即广慈医院),为大学的附属医院。其后门的斜对面正对着马思南路别墅区。

由于大学师生有许多天主教徒,故在吕班路对面建有师生专用的圣多伯禄教堂,1934年建成。可见三十年代法租界是很热闹的时期,构成了马思南路厚重大背景不可或缺的组成部分。该教堂为马思南路邻居,显得尤其重要,比如黄昏时分有暮钟在四周回荡……

(七)1926年法国新的总会大楼落成于今茂名南路上,对面是锦江饭店和著名的兰心大戏院;向霞飞路走

↑ 震旦大学校门巴洛克铁艺符号。有种法兰西文明精神和风韵迎面扑来。

即便是今天,我在"思南公馆"徘徊,隐隐约约依旧能感受到这种风韵和精神。哪里有美,哪里必有韵。"思南公馆"便有律动,便有韵。

← 巴黎一栋巴洛克时代的府邸楼梯扶手铁艺曲线。从中散发出一种典丽的音韵。

韵者,美之极。今天的"思南公馆"迷人之处,它的贵族气派的秘诀,正在有韵。(图片是2007年我在巴黎拍摄的)

还原历史 超越历史——我眼中的"思南公馆"

→ 法国乡村农舍墙壁上的铁艺图案,这种装饰性的符号特有音韵、气韵、神韵,有情调,有性情。这个细节虽是个小件,美学效果却不小。这也恰恰是今天"思南公馆"历史文化新风貌区醉人的奥秘。指出它,揭示它,是本书稿的主脑或主旋律。

去,仅用三分钟便是国泰电影院和弟弟斯咖啡屋,这是三十年代法租界的精华地段之一。

该大楼占地4 200平米,正面是一个两边凹进的、朝南的阔大露台。有一个大厅,黑白相间的大理石双螺旋楼梯显示出法兰西建筑文明的豪华和典雅的律动、风韵,令人惊叹!

20世纪末已部分拆除(十分遗憾),新建了高层的"花园饭店"。不过原屋的重要部分保留了下来,这是不幸中的万幸! 1980年我在北京中国社会科学院哲学研究所工作。9月,我陪同联邦德国"八教授代表团"访问上海,并参观了法国总会大楼。哲学教授萨斯对建筑之美发出惊叹:

"当年的法国人真会享受!"

用享受,用墨子的"美丽乐"去描述、形容上海法租界中外新旧贵族所追求的生活方式是很到位的。

(八)中法联谊会。

1933年12月5日,上海中法联谊会在法国总会举行了成立聚餐会。翌年,由法租界公董局用若干金条出面为联谊会在辣斐德路577号(现复兴中路541号)租下了一栋洋房（共三层）作为办公和活动场所。

江文新是一位勤工俭学赴法、比留过学的中国人。由他出任执行秘书和常务理事。他和他的家属搬进了这栋屋的顶层。江的工资由法国领事馆支付。

洋房外墙分别用中文、法文写有"中法联谊会"的字样。当年的外墙镶嵌着一块块可爱的鹅卵石——**今天这种独特的装饰语言符号被"思南公馆"多座洋房所继承**。

直到今天，附近的老人还记得这栋西式大洋房。小时候，他（她）们用小手指乐而不疲地抠着鹅卵石，并将它保留、珍藏至今。

1936年2月20日，辣斐德路上中法联谊会欢迎过当时中国驻巴黎的大使顾维均和夫人。

每逢中国国庆（双十节），花园还举行招待会，中法知名人士在花园里欢聚一堂，吃茶点。其间既有穿长衫的中国先生和穿旗袍的名媛贵妇，也有欧洲穿套裙的摩登女士和西装革履的洋绅士。法语、英语、上海话和国语都能听到。

这里还举办过汉语写作和法语写作大奖赛。曾留学法国的刘海粟在这里开过画展。

另一次值得回忆的文化事件便是留法归国的周小燕在这里开过演唱会。——那是一回"夜莺的咏叹"，也是"A Song to Remember"（一曲难忘）。

2001年春节，我和我的妻子周玉明（报告文学作家、《文汇报》首席记者）应周小燕教授的邀请去她家做客。那天还有从美国回来的、世界著名男高音歌唱家张建一。（他和廖昌永都是周小燕的得意门生）

席间，我顺便问起过当年辣斐德路上的"中法联谊会"。周小燕教授回忆说，有那回事，开过一场音乐会，是1948年元旦，多半是

↓ 少女时代的周小燕

留法归来的人聚一聚,联络一下感情。(今天,六十四年后的今天,我大致上可以说,估计当年有来自马思南路花园别墅区的屋主人出席过"中法联谊会"。因为在别墅区的屋主人中少不了法国留学生)

周小燕在法国留学9年(1938—1947)。英文和德文的发音也非常纯正。我妻子和我都同她有些工作联系。1995年周教授约我为新成立的"周小燕歌剧中心"写剧本。2004年上海音乐学院出版社约我妻子写本书《夜莺的咏叹——白描周小燕》。(现已出版)

我还当面问起过"中法联谊会"的活动情况、命运和结局。

"好像在1950年底便宣布解散了。1951年11月它正式关闭。《解放日报》登过这条消息,"周小燕教授对我说。

这也是一个时代的结束。1950年在上海的外侨几乎都走光了。

"中法联谊会"存在了18个春秋。其位置刚好在今天"思南公馆"第二期(2012年春正在施工)的范围内。今天的"思南公馆"为什么不接过"中法联谊会"的接力棒呢?(后面我想专辟一小节来议论这件事)

→ 1947年周小燕从法国回国时同全家的合影。(右二为周小燕)

之后她在上海音乐学院担任声乐教授、系主任和副院长，多年来培养了一批世界级的歌唱家，为国争光。

→ 本书作者同周小燕教授在大剧院走廊上交谈，1998年11月16日。

我好奇地听她回忆二战期间纳粹占领巴黎的日子对留法中国学生的态度。纳粹迫害犹太人，但不迫害中国人。——这是我最感兴趣的话题。周教授的德语发音非常纯正，令我惊讶！她的语言能力很强，能用正宗、标准的德语演唱德国艺术歌唱。

→ 自左向右：周玉明、周小燕教授、张建一（旅美世界著名男高音歌唱家、周教授的高足弟子），摄于2005年。

法国作曲家马思南和思南路

一、不朽的小品《沉思》

在欧洲城市,用著名音乐家命名的街道是很普遍的现象,多半是出于纪念的目的。

二十年代上海法租界当局(公董局为实际上的市政最高机关)用刚去世不久的法国著名作曲家J.E.F. Massenet(1842—1912)命名一条幽静的小路便是一例。关于这位作曲家,我国的译名不统一,共有六种:

马斯内,马斯耐,马斯奈,马斯南,马思涅和马思南。

在撰写本书稿的时候,我权衡了一下,最后决定采用马思南。他十一岁进入巴黎音乐学院。1863年(21岁)荣获罗马大奖。1878年(36岁)任母校作曲教授。十八年后为法兰西学院院士,是古诺(Gounod, 1818—1893)之后法国最负盛名的歌剧作曲家。一生写过36部歌剧,其中《熙德》《曼侬》《黛依丝》《维特》和《拉荷尔城的国王》等五部较为有名。但到了今天,它们从世界歌剧舞台上消失了。

如今还鲜活、还在表达人类心声的好像只有一首小提琴曲《沉思》。尽管它属于小品,但却是不朽的小品!我第一次同它相识是在1958年寒假的一天。当时我穷,没有钱买火车票回家,只好留校。有个下午,我路过钢琴房,忽然听到从那里传来一阵小提琴声(有钢琴伴奏),我被它的忧思、柔情但又不失为丝丝的甜美而打动。我走进了琴房,知道这首曲子叫《沉思》,作曲家是法国人Massenet。

自那以后至今已有整整五十四年,这已是我一生!

今天,我只有借助于杜甫的诗句才能准确描述《沉思》的价值:

"此曲只应天上有,人间能得几回闻?"(《赠花卿》)

这五十四年（1958—2012）也是我走在"世界哲学"（WORLD PHILOSOPHY）康庄大道的时期。我习惯用到的背景音乐是西方经典音乐，其中便有这首小品《沉思》。它参与了对我的铸造。尽管马思南的所有歌剧今天几乎都从世界乐坛节目中消失了，只有《沉思》这一曲难忘还活着，马思南作为一位作曲家便是不朽的！

唐代诗人有近百个。陈子昂仅靠他一首《登幽州台歌》而名垂文学史册。关于《沉思》这首小提琴曲子的主题，它想表达的思绪是什么，我想说：

它的旋律是法兰西民族精神的音响化，也是这个民族的心声。……这是我对这个"文本"（Text）的感受、理解和解释。

法兰西民族是一个既讲理性又追求浪漫的民族。

在这个民族的骨子里，有个无形的十字架：

纵轴为理性，为哲学沉思；横轴为感情，为诗意飘逸。

法兰西民族在进行严肃哲学思索和探究的时候，在他身上又有诗人的情绪在弥漫；当他在写诗的时候，又纠缠着对"天地人神"的哲学思考。

所以正宗、标准的法国人是理性和感情的混合或编织。他的沉思性质是诗化哲学的。笛卡尔（1596—1650）的沉思性质便很典型。

他发明的解析几何（直角坐标）是诗化哲学一个最高意义上的、最卓越的符号。

可以说，马思南的曲子《沉思》伴随我度过了大半辈子，教会我对生的沉思和对死的默念。

在我住办公室的八年（1981—1988），每当我散步走到"思南路"，便有《沉思》的旋律在我耳际回荡。当时我便自觉、清晰地意识到，我是在感受法兰西民族既理性又浪漫的精神或气质。它有助于我继续走向成熟。

完全成熟是个理想目标。它无法完全达到，只能无限接近。

作为一首曲子，《沉思》有助于我碾碎、咀嚼和消化"人生世界"这个最大的"文本"。它伤感，但甜美。它活在世上，又沉醉在梦幻中。……这不正是法兰西文明的精髓吗？

笛卡尔的直角坐标作为一个几何符号是那么简洁，又那么包容，不是白日梦是什么？不过当它一旦回到现实世界，它却是一个疏而不漏的大

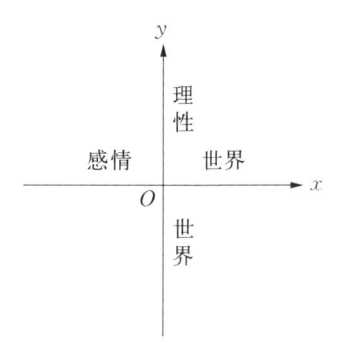

还原历史　超越历史——我眼中的"思南公馆"

↑ 表征法兰西文明精神结构的笛卡尔坐标系。横轴为法兰西民族的感情世界，纵轴为其理性世界。

马思南的小提琴曲《沉思》正是该坐标系的音响化。

在整个"思南公馆"新风貌区，这个坐标系符号才是看不见的、永恒的东西。《沉思》应是"思南公馆"音乐形象代言人。

网！在自然科学、工程技术世界、经济学、人口论以及其他社会科学领域，有哪门学科能少得了"直角坐标"这个最有力的数学工具？！

若有人问我："你用什么符号来表示、象征法兰西文明精神？"

"用笛卡尔直角坐标系。"

今天，"思南公馆"和《沉思》这首曲子的关系是相互的需要：《沉思》因附丽在"思南公馆"历史文化风貌区而显得更有生气，获得了21世纪的时代气息，缠绵悱恻，回肠荡气，串起有心人记忆中的颗颗明珠。

这个风貌区若是没有《沉思》这首曲子作为背景音乐，便成了音响的穷困或贫乏；别墅的建筑美也会因此黯然失色。

《沉思》在本质上是一首音响诗。有幸入住"思南公馆"别墅的宾客，夜静欣赏《沉思》的旋律，应记起白居易的句子：

"把君诗卷灯前读，诗尽灯残天未明。"（我在此处所指的"君"，是指作曲家马思南）

二、"思南公馆"最适宜播放什么音乐

2012年1月1日元旦，我陪同忘年交陈女士来到"思南公馆"。这里的建筑场让她大吃一惊！

"我是个土生土长的上海人，却遗漏了这块历史文化风貌区，真是遗憾！"她说。

"从今天起，你来这里补课，感受、体验这里的贵族气派和时尚气息还不晚，正是时候，"我说。

我们自然谈起《沉思》这首曲子。陈女士有个16岁的女儿，小提琴拉得很不错，母亲为女儿的聪慧而骄傲。

"这里若是播放《沉思》，作为整个公馆建筑场域的背景音乐就好了，也是锦上添花"，陈女士说。

"你很敏感,你感觉到了这个欠缺,这是这里的声音贫乏。难怪你刻意要培养你女儿学拉提琴。的确,这里务必要把《沉思》这首曲子的文章做足,让它的优美、典雅旋律成为公馆建筑场域音响化的符号,成为整个历史文化新风貌区的音乐形象代言人,"我说。

好多次,我同周启英在这里的咖啡屋讨论过究竟哪些曲子最适宜在公馆内播放?我们认定,坚决拒绝流行歌曲,只放西方经典(古典和浪漫派)音乐,比如19世纪法国浪漫派的曲子。

德彪西(1862—1918)的作品为法国印象主义音乐的先声;他在浪漫主义和二十世纪法国音乐之间架起了一座桥梁。本质上,他是一个用音符作画的画家,但他在作画的时候一直处在梦境状态。我以为,他的钢琴曲《月光》以及《大海》(印象派音乐的典型作品)非常适合在"思南公馆"建筑场域的氛围中播放。

音响诗必与建筑诗相互交织、缠绕,抒我心胸。这样,公馆对我的吸引力便会加倍。

当然,这里的最佳选择还有莫扎特和贝多芬的小提琴奏鸣曲或钢琴奏鸣曲。只是太严肃的交响曲不宜放。音量务必要小,因为是背景音乐。

1912年马思南去世。是年8月14日德彪西便在《晨报》发表悼念文章。"马思南是真正受听众喜爱的当代音乐家。"——这是劈头盖脑第一句。

德彪西惊叹马思南多产。不仅如此,他还羡慕时装、帽子店的老板娘一早醒来便哼起马思南的曲子《曼侬》或《维特》。——这应是一位作曲家最觉得幸福的一件事。

早在1904年,《蓝色封面》杂志记者就有关"法国音乐现状"这个课题采访德彪西。[①]

"在您眼里,谁是法国十九世纪音乐的代表人物?"

"我非常喜欢马思南。马思南懂得音乐艺术的真正作用……"

德彪西接着说:

"美应该是可感知的,美应该让我立即获得享受,美应该使人接受,或者应该深入人心,而我们又不要做任何努力去捕捉它……"

在采访一开始,德彪西便对记者说:

"法国音乐就是明朗、优美、朴实而自然的朗诵。法国音乐,首先要讨人

[①] 自《热爱音乐——德彪西论音乐艺术》,张裕和译,北京燕山出版社,2012年,第201—202页。

还原历史　超越历史——我眼中的"思南公馆"

↑ 思南公馆酒店宴会厅。如果在这里隐隐约约回荡着《茶花女》《饮酒歌》，便是一颗海珍珠落进一个由金丝线编织的网袋里。恰当的建筑空间和恰当的音乐是对称的，是相映生辉，相互的需要。

喜欢。"

20世纪初，法国驻沪领事或公董局的首脑有可能读到过这期杂志，或者他一直就是马思南音乐的粉丝，就像时装、帽子店的老板娘，早晨一起床便哼着马思南的歌剧片断，黄昏散步时则有《沉思》的旋律在心耳回荡。所以他才决定用"马思南"命名这条幽静的小马路。

我作这样的臆测符合"逻辑与存在"法则。在这里，我呼唤历史的"妹妹"到场，而不是"姐姐"。

在上面，德彪西有关见解对我们理解、把握"思南公馆"别墅群和法国音乐之间的相互关系是有启发的。

德国古典美学认为，建筑是凝固的音乐，音乐是流动的建筑。（据我考证，说这话的人估计是歌德，或是哲学家谢林）——这个命题同样适用于"思南公馆"。

我们来到这个风貌区由别墅群营构的建筑场域难道不是立即可以被我们感知的美吗？这种建筑美若是不深深触动"老中青"三代，深入人心，他们会纷纷举起相机吗？——这是我多次亲眼目睹的"思南公馆"建筑美学效应。"新天地"也有这种效应，但很弱，很少人用镜头对准建筑。至于"田子坊"的这种效应便更弱。这里的镜头只对着小商店那些有异国情调的摆设。——我观察到这些差别。看来，"思南公馆"是以建筑风格和建筑美学出奇制胜。

如果说，法国音乐是明朗、优美、朴实而自然的朗诵，那么"公馆"每栋有个性、有特色、有性情的老洋房不也是在用无声的语言娓娓动听地朗诵吗？

"朗诵"这个动词在这里用得极好!

没有错,旧貌换新颜的老别墅群在朗诵,在述往事,讲故事,论当今成为世界第二大经济体的中国……

是的,修缮、整治、雕琢和改造过的老洋房在用它的语言(包括阳台、窗和烟囱)讲故事,但开头一句不是"Long, long ago ......"(很久很久以前……)不,不很久,只不过一百年。

百年老屋在讲故事,音乐也在讲故事,在朗诵。用不同的语言讲故事,更讨人喜欢,叫人爱听。

建筑场域属于视觉范畴,音响场域属于听觉范畴。但在人脑中,这两种印象是可以相互转换的。但转换率因人而异。多数人不能转换,转换机制很不发达,两者几乎是绝缘的。但建筑师和音乐家大脑中的转换机制相当发达。我们要学会转换。

有人可以用耳朵去看音乐,听出建筑,甚至是一些细节(老虎窗,楼梯,花园……);也有人本能地动用眼睛去看音乐,并见出斑斓的色彩。比如德彪西的《大海》。

"思南公馆"因有了法国十九世纪末和二十世纪初法国音响场域的加盟才会产生"联类不穷,流连万象之际,沉吟视听之区"的审美效果。

这些不朽的旋律因附丽在"思南公馆"的建筑场域内才会把"气之动物,物之感人,故摇荡性情"的美学功能推向极至。

这是互补的硕果。

高档的建筑场域需要感荡心灵的音乐加盟进来;古典和浪漫派以及印象主义音乐也需要落户在别墅群上。——这叫时观落叶,既听春鸟,又聆秋雁,至矣,尽矣,无以复加矣!

我心目中的"思南公馆"不仅养人眼,也养人耳;归根到底是养人心,养人脑。

只有这样,它才是返原历史,又超越历史。

三、"思南公馆"应成为21世纪上海民间"中法文化交流中心"

三、四十年代仅离思南路一箭之隔的"中法联谊会"正式关闭距今已整整六十个春秋！今天的"思南公馆"理应继承该会的传统，并将它发扬光大。这是21世纪时代精神的需要。它至少包括以下4个方面：

1. 文学交流。

2011年年底，我和我妻子周玉明同时收到上海作家协会的通知："为了扩大上海和上海作家在海外的影响，也为了与来沪访问的外国作家交流需要，我会与上海新闻出版发展公司合作，将2006年编选的英文版散文集翻译为法文版……"

其中有我的一篇散文"上海弄堂里的叫卖声"和周玉明的"不被污染的声音"双双被入选。

整个来说，这是中法文化交流的一个事件。上海作协应出面邀请有关作家聚集在思南公馆（比如57—59号咖啡西餐厅）喝杯咖啡。《文学报》和《新民晚报》的记者理应到场发条豆腐干大的短消息。——"思南公馆"的文化艺术含量也会因此提升，其名声会远播到法国……

若是某专家、学者写了一本有关法国文化（历史、音乐、雕塑、建筑艺术、哲学或科学史……）的著作，新书发布会也选择在"思南公馆"，同样是一个金苹果落进一个由银丝线编织的网袋里。

是的，"思南公馆"的建筑场域和氛围，贵族派十足，确有资格被称之为由银丝线编织的一个网袋，一个个金苹果落入其中才是"门当户对"，珠联璧合。

2. 手绘法国建筑艺术。

庐山手绘建筑艺术特训营有一批导师，他们常爱去法国面对建筑写生。

其领军人物有余工、叶惠民、杨健、邓浦兵、夏克梁和陈红卫等。在全国手绘建筑艺术界，他们也是姣姣者。

手绘建筑（写生）不同于摄影。"佳能"再现真实，毕竟是机器的干活。机器再好，也不能代替艺术家的手绘。写生更多的是有艺术家的灵性、个性糅合其中。手绘更多的是诗，是金风多扇，悟秋山之心，登高而远托。

可见，"佳能看到的世界"（The World as Canon See It）无法挤掉手绘建筑的领地！

这里也涉及"哲学美学"的核心课题之一：

What is Authenticity?（何谓真实性？）

摄影追求"硬事实的真实";
手绘建筑追求"软真实的艺术。"

这是两者的本质区别,建筑写生的价值才凸显了出来。

我建议:

在"思南公馆"每栋屋的楼上楼下墙壁上(包括楼梯的转角处)都应用手绘建筑、水彩画、油画、摄影作品……等去装饰。但有四个条件:

A. 只要同法国文明之旅或法国文化(人与物)有关者;

B. 一般不必原件,用复制品即可;

C. 每个季度或半年更换一个主题。比如,上半年展出法国中世纪罗马风、哥特建筑(图片),包括教堂、城堡和民居。下半年再展出17—18世纪法国巴洛克建筑(图片)。

D. 费用很小,充分利用"思南公馆"每栋屋的建筑空间,把法兰西的气息引进来,浓浓的,成为21世纪大上海一道有特色的风景。

"思南公馆"是个很大的典丽建筑外壳,我们理应努力把"中法文化交流"形形色色、五彩缤纷的珍珠宝石放进去,去填,去充实,去打扮,使之有内涵,声誉自然会渐渐远播海内外。

* * *

挂在墙壁上的作品(人物像或建筑风景、法国山山水水、牧场、田园、海景、森林……)要轮换。三个月或半年更新一次。尽量把法兰西一千年的文明之旅在"思南公馆"这个小小的平台上展现出来。

3. 介绍法国数学伟大传统。

"思南公馆"21世纪"中法文化交流中心"应文理科并重,不可太偏重"文"(文学艺术)。何况,在20世纪二三十年代马斯南路的88号便住了一位数学家周明达。他谙熟法国数学史是符合逻辑的。我国道家经典《太平经》对"文"的理解应成为该中心一面高高飘扬的旗帜:

"天文地文人文神文。"

还原历史 超越历史——我眼中的"思南公馆"

→ 建筑师兼装潢工程艺术家余工席地而坐，面对巴黎新区建筑风貌写生（手绘建筑）。

本书笔者（立者）在他旁边观摩他在白纸上娓娓动听地说线条语言，并为之惊叹。

我觉得余工席地而坐，在用线条朗诵建筑，时2007年6月。

→ 公馆69号别墅四楼楼梯转角墙壁上的空空如也，是建筑空间的浪费。

我建议用手绘法国建筑艺术装饰这里的墙壁。

整个主题是展示法兰西建筑文明八百年之旅（1200—2000）的风貌。

法国数学伟大传统便在这面迎风飘扬的旗帜下。

欧洲有三大民族对西方数学发展史有过决定性的贡献：法国人、英国人和德国人。

法国有一打世界顶级数学大师。拉格朗日（J. L. Lagrange, 1736—1813）是其中之一。他的画像理应出

← 法国中世纪著名的卡尔卡松城堡，以余工为首的庐山手绘建筑艺术特训营一批导师面对它写生，作画。

"思南公馆"一些洋房子的楼上楼下理应把这些作品挂起来，作为潇洒、有品味的装饰符号，提高整个新风貌区的气质和档次。其效果才是"超越历史"。

→ 法国卡尔卡松城堡，余工手绘建筑，2007年。

我好像听到他说出一句豪言壮语：

"给我线条，我便能把整个建筑艺术世界再现在白纸上！"

的确，这些建筑写生艺术家只追求"软真实的艺术"，而不是硬事实的真实。这样，我和庐山手绘建筑特训营的一批导师才成了志同道合的朋友。因为"隔行不隔理"。——这理，便是追求软事实的诗意。

← 法国卡尔卡松城堡，庐山特训营一批导师手绘建筑作品。把这些复制品(50—80幅)分别挂在"思南公馆"许多屋子里，是双方的需要，是双赢。

通过21世纪中国艺术家的双手，这些绘画小品很可爱，实者虚之，虚者实之，娓娓动听，令人听之有忘倦的审美功能，洋溢着法兰西建筑文明的浓浓气息。

还原历史　超越历史——我眼中的"思南公馆"

↓ 18世纪法国伟大数学诗人拉格朗日。

18世纪另一位大数学家是瑞士人欧拉。

学理工科出身的人,谁不知道拉格朗日及其著名的"中值定理"呢?那定理才是一首数学诗(A Mathematical Poem)。

把拉格朗日的画像挂在"思南公馆"的墙壁上必定会霍地一下提升别墅建筑空间的层级或级别。

建筑艺术的最高境界是数学的绝对美(The Absolute Beauty of Mathematics)。

在这里,我想提醒读者:在你的手机里,便有拉格朗日的"中值定理"。因为盐已溶于水中。盐看不到了,却在水中。拿掉笛卡尔直角坐标和拉格朗日的数学,你的手机会玩不转,突然没有信号!当然你的手机里还有安培定律。安培是19世纪法国电学伟大科学家。在你家的电表里,也有安培定律。

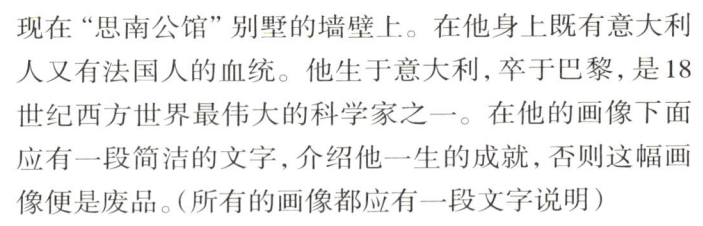

现在"思南公馆"别墅的墙壁上。在他身上既有意大利人又有法国人的血统。他生于意大利,卒于巴黎,是18世纪西方世界最伟大的科学家之一。在他的画像下面应有一段简洁的文字,介绍他一生的成就,否则这幅画像便是废品。(所有的画像都应有一段文字说明)

落座或入住"思南公馆"的客人,学理工科出身的大有人在。在微积分教材中,有一条基本定理便是"拉格朗日定理",又叫"中值定理"。

哥西定理则是拉格朗日定理的推广。哥西(A.L. Cauchy, 1789—1857)也是法国伟大数学家。他们两人对微积分都有过决定性的贡献。学理工科出身的人,今天也许是董事长、亿万富翁、总裁,当他在"思南公馆"墙壁上看见挂着这两个人的画像,定会记起当年求学时期做数学习题的情景。

对他来说,微积分没有白学。因为高等数学给了自己一个逻辑严密的头脑。数学逻辑是不可战胜的!

因为你要反对逻辑,还要用到逻辑!没有一个卓越逻辑头脑,何来董事长、总裁?

久久站在这两位法国大数学家的画像前,从董事长或跨国公司总裁(也许1947年他正好出生在思南路上一栋老房子)的内心蓦然升腾起了一种深深的敬畏情怀是合情合理的。

他自然懂得,今天的高科技(包括电脑、电视和手机)都是建立在几块坚实的基石之上的。其中有一块正是18世纪法国一批大数学家对微积分(数学分析)的卓越贡献。拉格朗日有篇重要论文"极大和极小的方法研究"被公认为"变分法"的序幕。他无疑是法国巴洛克时期一位伟大的"数学诗人"(A Mathematical Poet)。

经商、开工厂、开公司……核心问题是实现

"极值原理":

用一笔固定投资,力争赚到最大利润。

军队统帅的任务是:我方损失最小,力争最大消灭敌人。

人生是门数学艺术:在有限岁数,如何力争得到最大幸福?

我说过,法兰西民族的精神构造呈现出了最高的和谐与平衡:

既严谨,讲逻辑;又浪漫,非理性。"数学诗人"则是这两者的高度统一。

"思南公馆"的"中法文化交流中心"理应把法兰西民族的这一精神构造介绍给21世纪的中国人。这里应成为一个小小的窗口。——这才是上世纪二、三十年代法租界历史风貌区的继承和发扬光大。这种精神构造才是"看不见"的东西。

看得见的别墅群固然重要;但看不见、深层、隐蔽的东西也许更重要。

20世纪法国最有影响的"数学家集体"叫尼古拉·布尔巴基(N. Bourbaki)。他不是一个人,是一群法国年轻数学家合在一起的集体名字,主要有嘉当(H. Cartan, 1904—)、韦尔(A. Weil, 1906—)、狄奥多涅(J. Dieudonne, 1906—1992)和薛华利(C. Chevally, 1909—1984)等七人。

我建议把这七人的照片用相框框好,挂在"思南公馆"咖啡餐厅或其他别墅屋里。半年后撤掉,再换上其他领域的喉舌,为的是全面展示法兰西文明其他闪光、璀璨的侧面。

上述这些法国数学家后来都成了法国科学院院士,属于当代世界著名数学家。1935年6月布尔巴基学派成立。由于对数学统一的信念和希望成为全能的数学家,这个七人学派或集体企图从单一的原点出发,从而导出、建立起整个数学大厦。——在他们眼里,数学呈建筑结构。

布尔巴基不定期地开会讨论。最重要的形式是"讨论班"。他们的身影出现在巴黎等地咖啡屋的幽静灯光下是预料中的事。

两三百年来,法兰西的科学、艺术和哲学伟大传统最重要的载体不在别处,而在大大小小的咖啡屋!从中我仿佛听到用幽默的口吻说出的一句生命学格言:"因喝咖啡而存在,因存在而喝咖啡。"

以巴黎为例。1810—1830年,巴黎大约有400家咖啡屋。仅过了五十年,即1880年,巴黎便有大约4万家分布在全城。今天这个数字只会多,不会少。有人说,如果周末所有咖啡屋全关闭,估计巴黎会有万人自杀!

巴尔扎克称赞巴黎是"世界的首领,天才的头脑,文明的领袖,最值得崇拜的故土。"

根据我的体验和感知,巴黎所有的品质、素质、性情、气质、心胸和精神视野全集中在咖啡屋。

或者说,整个法兰西民族的精神构造是从咖啡屋的神聊中透露出来的。那里有这个民族的大脑(理性)加上心脏(感情)。——两三百年,有多少法国一流艺术家、哲学家和科学家在咖啡屋的灯光下神聊过,沉思过!

也许马思南的曲子《沉思》胎观胎动的灵感附身,便是得自咖啡屋,然后沿着塞纳河漫步,晚祷钟声传来,音乐形象也越来越清晰、明朗……

如果把巴黎的所有咖啡屋都推倒,那么,法兰西民族的灵该往哪里寄,魂又往哪里托?

何况,巴黎上万家咖啡屋建筑空间还保留、陈列着法国两三百年艺术、哲学、科学之旅一路走过来的无形脚印……

"思南公馆"已经有了多家咖啡西餐厅。我们的硬件(包括柔和的灯光)不比巴黎差。但关键问题在于:

顾客落座在那里神聊什么话题?

话题内容是决定性因素。

"思南公馆"咖啡屋应努力成为大上海这座国际化城市的"头脑"加上"心脏"。我国已经是世界第二大经济体。我们有了这个坚实大背景的支撑或依托。

"公馆"理应成为"领头羊"。——这才是真正的、21世纪的贵族派头或贵族气质。

从"公馆"的咖啡屋,今后能否走出一个闻名于世的什么学派吗?

世界第二大经济体的中国上海,应该有这种抱负、心胸和气度。——这才是超越历史!

于是引出下面一章"期望"。

期望出个"沉思"学派
及其文化丛书

进入21世纪,我和我的朋友周启英有这样一个愿望或期待:

从上海滩某家咖啡屋诞生出一个类似"罗马俱乐部"或"思想库"性质(品味)的民间小小学术团体或学派。但一直只是个不能实现的梦。

自"思南公馆"脱颖而出,还原历史,又超越历史,《沉思》一曲日夜回荡在这片尽发其美的四周,我们的期待和愿望又重新在内心点燃。

这些年,有一个耀目的样板时时浮现在我们眼前:

罗马俱乐部的视野、判断力和决策。

"可持续发展"这个命题便是该俱乐部首先提出来的,今天已得到全世界的认同,人类正在走上正确决策之路。如何打造能让世界走上可持续发展道路的绿色经济,需要各国努力合作。

罗马俱乐部成立于1968年。成员都是世界上有头有脸的知名人士。比如荷兰前首相;智利大学校长;日本电气公司董事长;富士复印机公司总裁,以及比利时著名化学家、1977年诺贝尔化学奖得主普利高津。

1972年,美国未来学家、麻省理工学院教授梅多斯提出了俱乐部的第一份报告:《增长的极限》。发表后的短短十多年,再版十几次,被译成三十多种文字,发行几百万册,被世界一千多个大学和学院采用为教材。

该俱乐部明白提出这个不等式:

知识 ≠ 智慧
当今人类文明不缺知识,只严重欠缺哲学智慧。

我们期待有那么一天,这类不等式会出自"思南公馆"的咖啡屋。

俱乐部主席佩西(Peccei)认为,全球问题反映出的深刻危机不是"物"

的危机,而是"人"(人性)的危机。因此,解决它,根本的出路是进行一场"人的革命"。这里有一个用英文表述的命题,说在点子上:

Modern Man Confronts Only Himself.(现代人处处同自己相遭遇)看来,21世纪人的最大敌人是人性,是我们自己。

类似于这个最高哲学命题若是有一天从"思南公馆"咖啡屋某个小小学术团体提出来,决不是什么天方夜谭。

这才是"思南公馆"超越历史,与时俱进。

仅仅从建筑外貌还原历史,百年法国梧桐禽鸟枝上啼,还是远远不够的!超越历史,全靠新、老上海人共同努力。

贵族气派更重要的是内在素质和精神视野。马思南的"一曲难忘"《沉思》教我们思虑当代人类文明的前途和命运。

这才是"公馆"宇宙咖啡闲吟客抱膝长谈的最高话题;这才是21世纪的贵族气派;只有这样才能远远超越上世纪二、三十年代法租界原屋主人的生活格调。这气派便是:

"以宇宙万物为友,人间哀乐为怀。"

1975年2月20日德国环保主义者抗议建立核电站,认定核能发电厂会有极高的危险。

这是一群先知先觉者。从"思南公馆"咖啡屋理应走出这样一批先知先觉者,这才是21世纪时代精神代言人或喉舌。后来一系列的核泄漏灾难(1986年的切尔诺贝利和2011年早春的福岛核电站危机)证实了德国环保主义者的判断力和决策。2011年9月,东京有6万人抗议,要求关闭所有54座核电站。(目前只有11座还在运行)

某个"沉思"学派在"思南公馆"诞生,不是每回神聊一次了事,不是随风飘逝,随风而去,而是用一套"文化丛书"作为神聊的结晶,固定下来,传播出去……

哲学观念的生命力在于远播,走进、深入千百万人的内心,转化为行动,改变世界。

"思南公馆"的"壁炉－烟囱"系统

该系统是从法国或英国进口的,成了整个上海滩公共租界一个典雅符号,颇有绘画中的气、韵、思、景,堪称为造化之功,是中国千年传统建筑语言符号系统完全陌生的!这是我们的落后,我们的先辈完全忽视了这个系统!

一、系统的进化和继承性

中世纪法国城堡内的府邸(包括其他豪宅和民屋)的"壁炉－烟囱"系统相当原始、粗糙、初级,没有发育完全。有烟囱,但仅仅是为了把乌烟瘴气的黑烟尽早排出去了事。

世界上的万事万物都有个进化过程。事物通过进化,不断改善,接近尽善尽美。"壁炉－烟囱"系统也不例外。

← 中世纪法国农舍,"壁炉－烟囱"系统原始、粗糙、初级,谈不上艺术,艺术性排不上队。

↑ 法国一栋著名府邸，富有建筑对称美，1533年奠基，1628年最后建成。1836—1850年扩建。请注意高高烟囱的几何造型美，属于巴洛克风格烟囱。

烟囱做到这个份上，可谓登峰造极，无以复加。但事物达到"盛极难继"时，便开始走下坡路。法、英、德的烟囱艺术也是这个规律。

↑ 中世纪法国民居。

左图的烟囱几何造型谈不上美。窗和大门（铁艺）受宗教建筑影响很明显。

右图为露明木（骨）架风格。这是"思南公馆"别墅群的"曾祖父"。

↑ 中世纪晚期法国古城堡内领主府邸壁炉造型，石材质，几何造型开始追求艺术含量，有种粗犷的韵味。——注意，是粗犷，不再是原始的粗糙。

它是"思南公馆"壁炉的"祖父"。

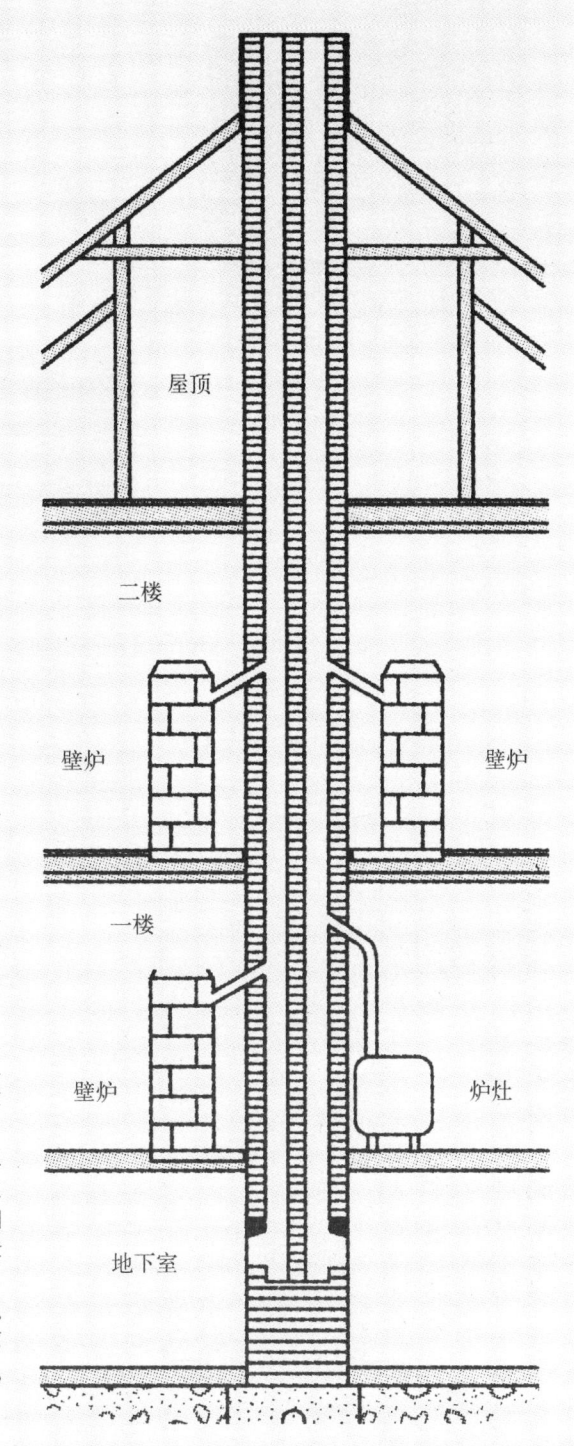

→ 欧洲的"烟囱－壁炉"系统有一个漫长的进化过程。

图片为总烟囱。人们很晚才建造它。总烟囱从地下室直通屋脊，把各间房间的壁炉或炉灶连接起来。

早在9世纪（相当于我国唐末），瑞士人便开始使用瓷砖壁炉。

法国卢瓦尔河畔著名的香波（Chamboard）城堡有440个砌有壁炉的房间，而烟囱则多达365根！

这些烟囱被各种饰品装饰得五彩缤纷，比如刻有小天使和城堡主人的徽章。总之，欧洲人习惯在"烟囱－壁炉"系统上费尽心血，把文章做足！

我们中国人的先辈恰恰忽视了这个建筑部件或词汇。所以中西建筑文明有交流、取长补短的必要。相互借鉴是件大好事。

屋顶

二楼

壁炉　　壁炉

一楼

壁炉　　炉灶

地下室

← 巴黎一栋18世纪的豪宅。

高高的烟囱,贵族气派十足,暗示屋顶下面的壁炉也必定富有高贵、典雅的韵味。道理很简单:"壁炉－烟囱"是配套的一个系统。

这就好比有位绅士的皮帽价值一万五千元,皮鞋也差不多是一万八。——这便是我所说的配套,对称。

我把这些图片放在这里,是为了帮助读者观赏"思南公馆"的烟囱历史渊源。来到这片风貌区,请时时驻脚,抬头欣赏烟囱几何造型美。它有4个出烟孔,很讲究。中国传统屋没有把烟囱作为一个雕塑艺术构件来做。这是我们中国人的失误。

↓ 这是我国江南一片农舍的鸟瞰。

烟囱在哪里?在我国千年传统的建筑语言符号系统中,烟囱是个脏兮兮的构件,没有一丁点地位。而西方的别墅则把它同壁炉合在一起,作为一首建筑抒情诗来做,结果是有声有色,有韵味,有诗意,有性情。

我国古代诗人只注意到了"水村渔市,一缕孤烟细",但从不赞美烟囱本身的几何造型美。西式别墅则把烟囱摆在屋顶上一个很凸显、很重要的位置,作为审美对象。

↑ 西方当代时尚木制乡村别墅,追求自然,返朴归真。

壁炉的炉台由粗犷的蛮石砌筑而成,劈材在毕毕剥剥作响……

图中的壁炉不是今天大城市五星级宾馆的摆设。它在实实在在地供暖。

→ 当代西式木质乡村别墅。

烟囱几何造型美学含量不如18—19世纪。过去有专门制造烟囱(包括烟囱帽)的工厂,今天消失了。由于环保原因,"壁炉－烟囱"系统的黄金时期已不再。

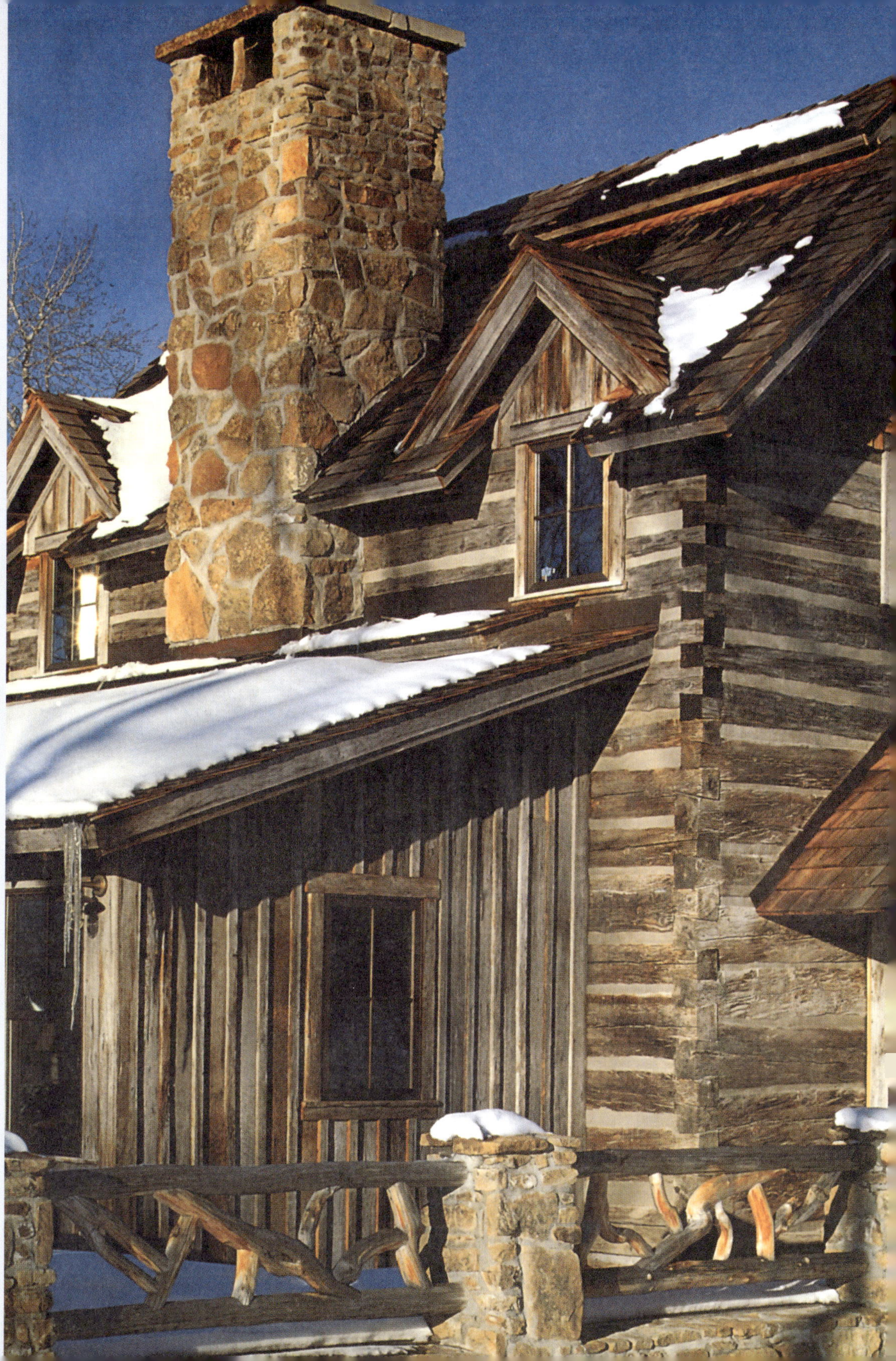

← 今天的"思南公馆"壁炉再也不会有熊熊火光,仅仅是一种摆设,一个温馨家(Home)的符号,一段城市的记忆。为了环保,21世纪的我们只好不把壁炉点燃。全上海若是有上百万个壁炉在运转,全城便会被乌烟湮没!(摄于2012年元月)

→ "思南公馆"别墅客厅里的壁炉,2012年元月初严冬。即便不再有熊熊火光,也是一个温馨的暖人符号。

壁炉整个风格为18世纪法国巴洛克。

炉前家具(扶手椅)样式也是古典主义。两者是一个统一的语言符号系统,古色古香。

"公爵夫人床"

蜗形腿倚壁桌（贡比涅宫）

"顶盖式"扶手椅　　圆形靠背扶手椅　　"顶盖式"椅　　枝形壁灯

里兹内尔设计的斗橱

↑　18世纪法国路易十六家具风格。扶手椅同壁炉有珠联璧合的关系。这种关系只有出现在别墅建筑空间场域内才是恰当的地方。（壁灯造型同样重要。"思南公馆"别墅处处追求细节的魅力，不放过一个细节）

　　谁要谈论法国别墅，他就无法回避室内家具。不能设想，在典雅、高贵的壁炉前，放的是两条破板凳，非常粗糙，很陋。

还原历史　超越历史——我眼中的"思南公馆"

二、今天仅仅是个符号

为了不污染大城市空气，不许再用"壁炉－烟囱"系统。——这是大道理。追求诗意、诗境是小道理。大管小，小服从大。

于是在世界许多地方，"壁炉－烟囱"便成了一种典雅、优美和高贵的摆设，一个温馨家庭的符号。

上海五星级宾馆也有这个凸显的符号。奥巴马在白宫会见外国元首，沙发背后正是18世纪巴洛克风格的壁炉。从电视新闻，我注意到，炉子里有一堆木材，但没有点燃，仅仅是一个温馨的符号。壁炉台上方是华盛顿总统的油画像。

从骨子里，我本人偏爱屋下和屋顶上这个系统。

"思南公馆"的多孔（有时多达5个孔）烟囱，再也不会冒烟了！

上个世纪二、三十年代，曾出现过"一缕孤烟细"的城市乡村风景。但今天，这样的风光连同烟囱上伫立着一只寒鸦的情景不会再现了！

这是诗意的丧失。

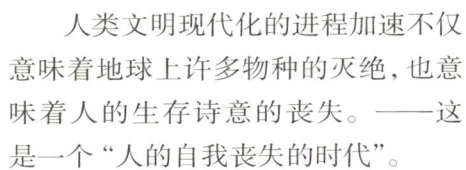

人类文明现代化的进程加速不仅意味着地球上许多物种的灭绝，也意味着人的生存诗意的丧失。——这是一个"人的自我丧失的时代"。

若遇上元旦前后上海阴湿、寒冷的天气，我便会加倍想起"壁炉－烟囱"符号。这是生理（温饱）层面的需要。

所以在这个细节上，21世纪的"思南公馆"也无法返回到历史。为了大局，我也不赞成把壁炉点燃。健康的生态环境是压倒一切的！

↓ 今天的五星级宾馆壁炉只是一个温馨、典雅、叫你有自由自如自在、有家、身心两安感的符号。

你再也听不到炉里毕毕剥剥作响的燃烧声。当火烧到劈材有木头节的地方，便会发出小小的爆裂声。这个声音符号最富有诗意。图片为庐山手绘建筑特训营的导师叶惠民的作品，时2007年。他也擅长油画，是全国建筑写生领军人物之一。

几年前，我有幸在德国、荷兰、比利时、法国和奥地利（阿尔卓斯山区）的冬季入住过19世纪风格的带阁楼和"壁炉－烟囱"系统的乡村别墅。在下雪天，我同德国人围坐在壁炉前，喝过红酒，并写下过一首怀念去世多年的母亲的诗歌《壁炉前的独白》。可见，壁炉作为一个符号，它的最大功能是勾起人的怀旧：

生平有那么多的故事
需要在炉前对母亲讲
看着跳动的火光
听着劈柴在作响
可惜只剩下我一人
还有灯光下的身影
孤独地投在白墙上

* * *

过去的一切
像团散去的卷云
像场梦的虚无和荒唐
消失在无边无际的
夜沉沉
夜茫茫

百年别墅的壁炉更容易使人发出人生如梦的慨叹。古代诗人是抒发这个主题的高手。

三、韵者，美之极

十多次转悠和体验告诉我，"思南公馆"这片历史文化新风貌还有"催诗"、"催沉思"的功能。所以经常播放马思南的曲子《沉思》是最恰当的地点或场所。当然还有德彪西的作品。

整个"思南公馆"是"一个诗场"（A Poem-Field）。此处的"场"（Field）如同电场、磁场或引力场。

它是由多个细节构成的。切勿粗心把一些细节漏掉了！"壁炉－烟囱"

系统便是每易被人忽视的一个最富韵味的细节。古人说：书画以韵为主。韵者，美之极。

建筑艺术及其细节又何尝不是？

"壁炉－烟囱"自有气韵生动，尽发其美，萧散简远，妙在笔墨之外。尤其是当烟囱上空有几朵白云飘忽而过的时候……

唐代诗人是捕捉白云的高手，但唐诗从来就没有把烟囱同白云组成一个句子，一首千古绝唱。因为在我国的民宅系统中，烟囱并不凸显，没有一丁点美学地位。

"行到水穷处，坐看云起时。"（王维）

烟囱在这里是缺席的，没有露头，没有到场。

"悠悠远山暮，独向白云归。"（王维）

还是没有烟囱的影子。这是一件很遗憾的事。诗歌少了一个有情调、令人惆怅的角色。

半圆拱连券楼
——别名"修女楼"

> "修女楼"这个别名是我和周启英落座在咖啡屋神聊出来的。就这样叫吧!也许这种叫法不是历史"姐姐",却是"妹妹"。她既有些可信,又很可爱。
> 整个"思南公馆"理应给21世纪的顾客、造访者留有丰富想象力的空间。这样才有乐趣。

在整个"思南公馆"历史文化风貌区,从建筑的艺术角度看,我最偏爱的,便是这栋"修女楼"。其正式名称可根据它的建筑风格来命名:半圆拱连券楼,简称半圆拱楼。

我经常在楼前徘徊,从头脑里时时会冒出几句古诗词:

"古今多少事,渔唱起三更。"(宋代,陈与义《临江仙》)

渔夫划着小船,把历史故事一一唱将出来。渔夫的歌并不追求历史硬事实的真实,只看重历史软事实的艺术,并以此为满足。

小时候,我在江西南昌赣江的深夜听到过渔夫的悠扬歌声,有种根本性的惆怅弥漫。

今天的我已悟出,我伏案握笔写出读者手中这部书稿扮演的角色和状态同渔夫很相似。这本书,正是我在三更江面上唱出的渔歌,心境有种"蜡烛有心还惜别,替人垂泪到天明"的况味。

一、中世纪《修女歌》

多次从咖啡屋走出来,在"修女楼"前徘徊,我仿佛听到从楼上传来一首中世纪的"修女歌"(这是我的幻听,也是一次最典型的追求"历史软真实的

艺术"):

> *我不思恋爱情，*
> *任何男人我都不需要；*
> *我一心想念上帝，*
> *他是我唯一的依靠。*

从逻辑上讲，当年在深秋的一个黄昏，这歌声回荡在这一带的上空，加上暮钟扣晚霞，也是法租界的一道风景。

像尼姑一样，天主教的修女现象很不人道。遏制、消灭人的正当情爱和性爱，成了东西方这两大宗教崛起的基本动力之一。

按我的理解，在我们这个小小的星球上，在蓝天底下，大地之上，孩子是最最可爱的，但是生出孩子的唯一大前提是要男女多情、做爱。可见，男女做爱（即便在干草堆上）是天下第一神圣的行为。我国道家哲学认为：

"天有三名，日、月、星；地有三名，为山、川、平土；人有三名，父、母、子。"（自《太平经》）

先有父母做爱，才有子。——这是"逻辑与存在"（Logic and Existence）最高法则。万事万物都必须服从该法则。上帝也不例外。法则也是上帝制定的。

今天的"修女楼"成了"思南公馆酒店"的多个宴会厅。它本是大约一百年前留下来的一个古色古香的建筑。

它需要21世纪的我们（你我他或她）用各自的想象力（根据你的个性、性格、内外阅历、知识结构、精神视野和价值观……）往"空筐"里去填，去放，去充实，去还原历史，且超越历史。

"修女楼"不仅允许人们这样去做，而且呼唤人们去这样做。只有这样，这座典丽的欧洲传统建筑语言符号系统才在当今21世纪复活了，富有勃勃生机。这也是百年前它的建筑师（估计是法国人）所希望的。在九泉之下，他会感到欣慰。作为第一次创造者，他会感谢第二次创造者的创造力。他认为，第一和第二次创造性是完全等价、平起平坐、平分秋色的！

我一再声明，我不是上海城市历史学家。

我没有能力追求"历史姐姐",只追求"历史妹妹",即追求历史软真实的艺术性或诗意、诗境。

这便是我看"思南公馆",特别是我看"修女楼"。或许这座古典主义欧式建筑精品有一半是我的想象力的产物。

人的想象力能使一座百年老屋复活,这还不是有创造性的幻视和幻听吗?

由艺术家、科学家和哲学家的想象力创造出来的事物甚至比真实还实实在在,既可信又可爱。艺术的真实比现实的真实更可信。这样,才有千万观众沉醉在电视连续剧不愿回到现实世界。

小说《牛虻》《简·爱》和《基督山伯爵》,以及电视剧《亮剑》让我们沉醉其中,不愿回到现实世界中来,不是能说明问题吗?

"修女楼"呼唤 21 世纪的我们用我们的想象力去主动、积极、创造性地同它一块去编织一首首属于你自己的《梦幻曲》。

这也是整个"思南公馆"这片历史文化新风貌区所期望的。舒曼的《梦幻曲》正是他的想象力的一件色彩斑斓的编织物。

二、或许有本情书集在楼里传阅

兴许"修女楼"在偷偷地传阅一本法国文学史上著名的情书集《亚伯拉德与哀绿绮丝的爱情故事》。据说拿破仑的妻子约瑟芬看了,被这对恋人相爱的故事感动得热泪盈眶,最后下令把他们的骸骨迁到巴黎刚兴建不久的"拉雪兹神父公墓",重新合葬。

因为在信中,哀绿绮丝表示过,她的爱在现实世界根本就没有出路,她和自己的恋人只有死后才能永不分离。(法国有夫妻合葬的传统)

这对恋人意识到,他们的爱(情爱加上性爱)是人类得以生存并可持续延续下去的生物学基础。——这是我落座在咖啡屋悟出的一个命题。

唐代著名诗人兼思想家刘禹锡早就说过:

还原历史　超越历史——我眼中的"思南公馆"

"以目而视,得形之粗者也;以智而视,得形之微者也。"(不仅微,而且深层,丰富)

深为拿破仑妻子约瑟芬感动的那本情书也触动了20世纪30年代的美国好莱坞,并拍成电影《天堂窃情》。书的梗概如下:

1117年巴黎圣母院的大教士福尔伯聘请38岁的神学家亚伯拉德担任他的侄女哀绿绮丝的家庭教师。当时她只有17岁,是情窦初开的少女。不久师生相爱,并偷偷地生下了一个男孩。

哀绿绮丝担心婚姻会给亚伯拉德的学术生涯和升迁带来负面影响。在给亚伯拉德的信中,她说:

"……我只要你这个人,其他都不要。我不要婚姻,不要财产,我知道这些东西不会给我带来快乐和满足,我只要你!妻子的称谓也许更庄重或者更有价值,但是我更喜欢的词永远是爱人!要是你同意的话,情妇和娼妓也可以。我相信为了你,我越是使自己显得卑微,我就越能让你快活,对你的名声造成的伤害也就越小……如果国王愿娶我,并让我永久性地拥有天下的一切,但对我来说,更珍贵、更荣耀的不是成为他的皇后,而是成为你的情妇!"

21世纪的"思南公馆"不需要"木乃伊",它不是出土文物。每个走进去休闲、消遣和享受的人们不必戴着一副考古学专家的以事实为依据的严谨、精确和一丝不苟的眼镜去审视这里的一砖一瓦。

我说过,"思南公馆"的定位不是历史博物馆,去百分之百、绝对还原二三十年代的那段历史。这不是"思南路项目"总设计、规划的意图,也不可能。

今天的"思南公馆"是21世纪的"思南公馆"。但在该历史文化新风貌区的背后又有厚重、可信的历史老人在支撑着,在那里若隐若现,娓娓动听地朗诵,述说过去。——能做到这一点也就够了!

今天展现在公众面前的"思南公馆"是为21世纪国内外"老中青"三代游客服务的。

深秋的一天,我又一次踩着落叶在这里闲逛,体验,捕捉"灵感"。突然有五六人迎面走来。我闪在一旁,听见一位上了年纪的贵妇对陪同在侧的晚辈说:

"弄得蛮好!"

口吻是赞美的。这是对"思南路项目"修缮、整治和改造模式的肯定。因为它不仅保留了精华的"旧",也加进了21世纪的新元素。我所说的"新元素"是广义的,不仅仅是一些新建材,更是营构了一种新的、时尚的风骨、韵味和性情,其总的效果是今天"思南公馆"的面目或面貌。

我估摸着(从打扮、举止和说着正宗的上海话),那位贵妇可能来自美国,童年在上海这片花园洋房度过。1948年前后随父母移居美国。这回来到"思南公馆",触景生情,勾起了她的一段回忆:

"重到曾游处,多非旧主人。"

在回去的路上,这位贵妇带走了"思南公馆"的一丝惆怅吗?"思南公馆"是教你、催你生出惆怅——伤感中有丝丝甜美,丝丝甜美中又有一缕缕淡淡的忧郁——的诗意极浓的风貌区。

我说过,节假日身穿牛仔裤、背着手提电脑和数码相机的年轻人是这里的主角。外国人约占五分之一。(韩、日老外从外表很难分辨出来)——"思南公馆"能做到同时把"老中青"三代吸引住,让他们流连忘返,是它成功的唯一标志。(我属于老一代行列)

"思南公馆"的魅力在于:它鼓励、催促、更允许"老中青"三代发挥主体的能动性、创造性和诗意的想象力,把自身的内外阅历一一放进这个历史文化风貌区的"空筐"。它留有足够大的"空间",等着、期待着你我他(还有她)去填,去充实。

它需要公众的积极解释。"思南公馆"这个历史文化"文本"(Text)只有在主体和客体相互碰撞、交汇的互动关系中才是鲜活的,有生命的,生机盎然的,才不是九十多年前上海法租界的一具"木乃伊"。

小提琴曲《沉思》不也是一个很空的"空筐"吗?千百个听众对它的反应是不尽相同的。各人有各人的"沉思"内容。这不仅允许,也是件好事。

"思南公馆"是一首凝固的《沉思》小提琴曲。这首曲子又堪称为流动的"思南公馆"。所以它们需要千万人的合作、互动。只有在互动中,"公馆"和《沉思》(这一曲难忘)才存在于21世纪。

所以,《沉思》这首曲子理应成为"公馆"整个历史文化风貌区的音乐形象代言人。

当然,"修女楼"也是一首《沉思》楼。一切宗教音乐在本质上都是沉思的诗。《少女的祈祷》和《圣母颂》便是这样的"音诗"。这个术语来自19世纪德国古典美学。贝多芬把这个术语接了过去,说"Ton-Dichtung"(音诗)。

根据我的多次观察,国内外许多造访者对"修女楼"的建筑美很感兴趣。举起相机的男女相当踊跃。很遗憾,这些男女对这栋楼的历史背景一无所知,更不知道它有一个神秘、奇异和潜在的非正式名称:"修女楼"。

至少,迄今为止,这是我的叫法。好在贴隔壁有一座法国天主教堂,新罗马风风格(New Romanesque)。这成了"修女楼"的"逻辑与存在"的依据之一。

我和周启英建议,在楼前不妨立块牌子,上面镌刻上:

"据有人推测,这是一栋修女楼,上世纪二三十年代,从楼里常有一首中世纪《修女歌》透出来。"

再不妨把歌词附上。这样,文字背景的欠缺便补上了。

这才是"还原历史,又超越历史"。

这有什么不妥吗?我说过,"思南公馆"的目标不是建筑历史博物馆。它的公式是:

历史大背景的外壳 + 21世纪时代精神的内涵和时尚氛围。

这两大成分是互补的,是相互的支撑和需要。这就像一杯香气扑鼻的"卡布其诺":巴西咖啡加上鲜奶。

只有这样才实现了"文化遗产保护",才不辜负这是上海市首个成片保留、保护标志性花园别墅住宅群的卓越项目。——我作为一个移居上海三十年的"新上海人",我为这个亮丽、高雅的综合符号而高兴。

三、关于"修女楼"的建筑风格

关于"修女楼"的建筑风格,我想说,在整个上海滩,它都是很闪光的,如同一颗璀璨的明珠。这多亏了"思南路项目"整个团队精雕细琢的修缮、整治和改造模式的定位。——这便是我一再提到的人类文明创造力的源泉:手脑并用。

有人说,"修女楼"的建筑风格是"上海殖民地外廊式"(或东印度式)。

半圆拱连券楼

据考证，这类建筑盛行于清末民初。在1920年11月15日《法租界及其延伸》地图中，已经有了"修女楼"，故推测它是"思南路地块"最早建造的住宅之一。估计这是法国修女接受培训的一所神学机构。学员结业后，分配到法国巴黎外方传教会的内地一些教区（比如江西南昌以及四川成都）去传播"福音"（教育、医院是重要的辅助手段）。

"修女楼"的建筑凸显特点是半圆拱连券和清水红砖外墙。

在西方建筑史上，半圆拱连券这个词汇（或叫部件）出现得很早，有悠久的历史，很传统，富有视觉的美感。我本人也迷恋、醉心这个符号。因为在它身上有数学的高阶和谐与对称。

建筑的美，说到底是"数学的绝对美"（The

↓ 为保证思南公馆的复原度，保留所有建筑并加以修葺的同时，一些超出想象的方式也参差其中。重庆南路256号是极富特色的外廊式建筑，为了整体设计和谐，整幢楼从东西向转至南北向，整体转了90度，将原来的砖瓦逐块卸下、标号打包，再按照顺序完全原样重建。

还原历史 超越历史——我眼中的"思南公馆"

Absolute Beauty of Mathematics），是"数学对称的美与和谐"（The Mathematical Beauty of Symmetry and Harmony）。

这正是"修女楼"吸引男女举起数码相机最深层的原因，即数学美学原因。

我自信，我这是一语道破天机。

在本章，我附些图片，顺便也指出"修女楼"的半圆拱连券和古希腊罗马柱同西方建筑史的继承关系。它即便是"上海殖民地外廊式"，也不是原创，它同法国或西方建筑传统语言符号系统有种很深、很久远的血缘关系。

"修女楼"半圆拱连券一字排开在国内外慕名而来的游客、顾客面前，加上《沉思》旋律隐隐约约仿佛从天外低送传来，回荡在耳际，是心灵的上等营养品。

如此纯粹的法兰西建筑和法兰西音乐在这里相交汇，相融合，美学效应便是"志意得广焉"。

荀子的音乐哲学命题是对的："入人也深，其化人也速。"（《乐论》）

建筑语言会转化为旋律，这样的音乐对人的影响会更深入，对人的感化（化人）也会更快。

生理上的衰老可以去找美容院，那么心理上的衰老呢？当精神（灵魂）状态出现皱纹，显露出一块块老年斑呢？

常来"公馆"转悠，落座在咖啡屋之一角，斟酌于古今，交织于中外，垂涕以道，一吐胸中之块垒，慨然而书之，是我力争获得"宇宙闲吟咖啡客"证书的唯一途径和方法。

↓ 二、三十年代上海广慈医院管理隔离病房的法国修女。

谁能否认，其中有来自"修女楼"的结业修女呢？

1848年至1873年在沪生活的722名法国人当中有181人为传教士。1935年上海法国侨民总计2 552人，为历史最多。这年（抗战前）也是马思南路别墅区的鼎盛时期。抗战爆发，整个法租界和上海滩即走向衰落，这是日本侵略者的罪恶。

"思南公馆"完全有底蕴打造成21世纪上海滩贵族派十足、最富有性情和品位的历史文化新风貌区。我在这里所说的"贵族派",不是指某个特殊阶层盛气凌人的霸道,而是指中华民族的和平崛起,指世界第二大经济体的气魄和架势。

　　"公馆"既以百年历史为背景,为底气,又突破了历史固有的框架,超越了历史,紧紧握有21世纪:

　　"光前裕后"。

　　若用"承前启后,继往开来"或写成"传承历史,升华当代",也很贴切,足见方块汉字(尤其是古汉语)的表达力。

　　正因为我手中勉强握有六七千个方块汉字,我才大着胆子,伏案握笔,写写我眼中的"思南公馆",试着在公众面前放声朗诵大上海原法租界这首城市散文诗。

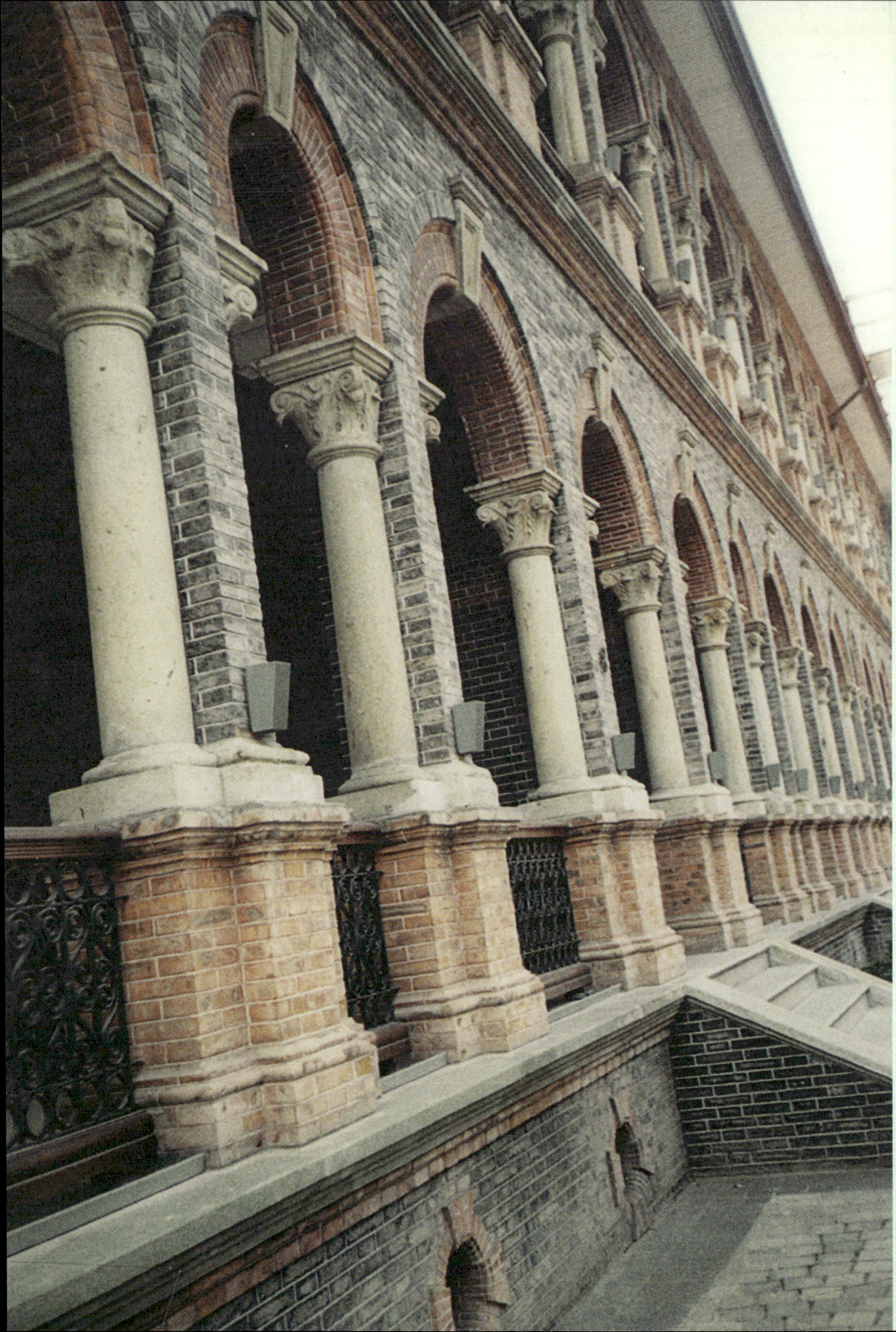

↑ 我给"修女楼"半圆拱连券和两边的古希腊罗马柱以及走廊吊灯这个细节来个特写镜头。
　　我知道,在实施改造这座百年老楼的过程中,主管单位和工程技术人员(整个团队)用尽了心血。今天,我们都要向他们致敬！他们为上海保留城市一段独特的、珍贵的记忆作出了贡献。
　　这座百年典雅的洋楼才有资格被称之为一首"建筑诗"(A Architectural Poem)。

← 改造、雕琢后的"修女楼",从中透露出"数学的对称与和谐美"。
　　这美是永恒的。因为数学是上帝说的语言。
　　半圆拱连券加上古希腊罗马柱式也是经上帝亲吻过的。用这些经典符号镶嵌在"修女楼"是适得其所。
　　这样一座典雅的建筑被我们接过手,"旧瓶装新酒",为21世纪新上海服务,是件大好事。我为它拍手叫好！这里多有情、趣、胆和意。情意寓于建筑形象之中。(见图)

↑ 这便是"思南酒店"宴会及多功能厅。目前尚无正式名称,从建筑风格看,不妨叫"半圆拱连券楼",别名为"修女楼",三个字,朗朗上口,有何不妥?

图片为视觉艺术作品,追求历史软真实的诗意,符合"历史妹妹"的身份。

这幅画已经超越了历史。

→ 两个外国人刚走过"修女楼"准备去 Costa 泡咖啡屋。三分钟前我亲眼看到他们举起相机拍摄半圆拱连券。如果他们知道这是20世纪初一座法国天主教"修女楼",估计他们会惊讶得说不出话来,从此在他们的内心深处更会认定大上海这座国际化大都会是自己的第二故乡。

"修女楼"成了感情上认同上海的深厚纽带,让他们有种身心两安的感觉。身心两安才是故乡。

→ "修女楼"墙根的透气孔。

那天,我和周启英都发现了这个细节。如果它会开口说(其形状也像一张会说话的小嘴),定会喃喃地朗诵百年来这座楼里所发生的叫人揪心揪肺的故事。

比如24岁的路易丝因为失恋,看破红尘,才在法国进入巴黎外方传教会,再被派往上海,成了这座楼的一名修女。她最爱唱那首中世纪的《修女歌》。她不是唱歌,而是唱情,唱给上帝听,所以特别有感染力,加上她的声音低沉,有种磁性。

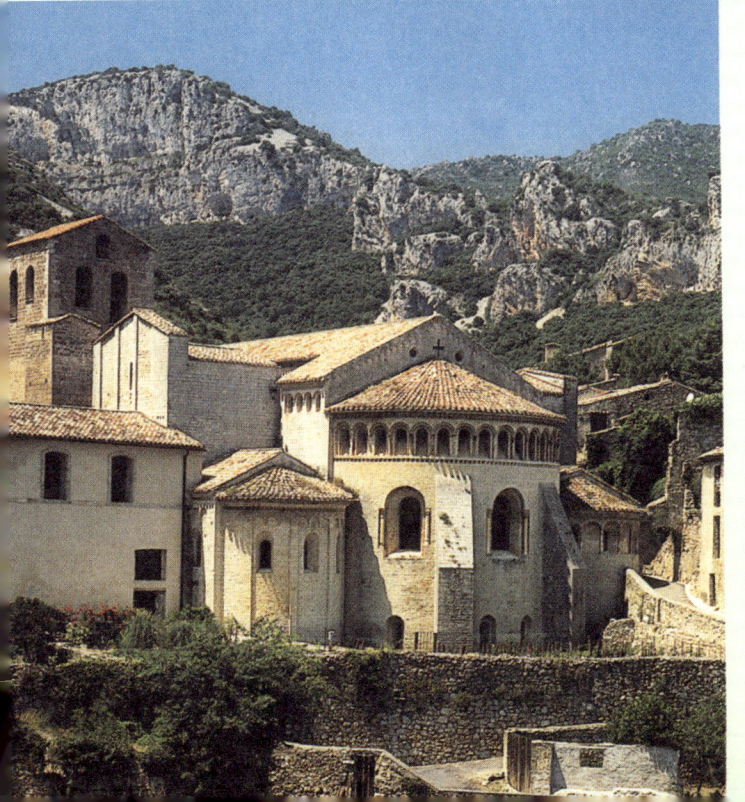

← 法国一座修道院教堂,约建于1100年,相当于我国宋代。

请注意半圆拱连券这个构件,这个重要词汇。今日"思南公馆"的"修女楼"同它有建筑史的继承性和血缘关系。

图片中的修道院教堂令我联想起我国地处荒僻的野寺:"野寺人来少,云峰水隔深。"(唐,刘长卿)这是宗教建筑出世的共同特点。

↑ 早期基督教教堂内部的高侧窗和半圆拱连券。古希腊罗马柱式是其中一个重要角色。重庆南路"修女楼"的历史继承根系也深深扎在这里。这是我的一点提示。作为本书作者，我想有必要作这点有参考价值的提示。

↑ 罗马圣彼得大教堂和立面示意图。
它属于早期基督教和拜占庭风格（公元313—1453年）。半圆拱连券这个词汇或符号是它的凸显特点，是宗教建筑（包括修道院）偏爱说的建筑语言。

↑ 欧洲中世纪（约1140年前后）罗马风教堂使用的半圆拱连券回廊。
可见半圆拱连券是一个古老的建筑词汇，首先在教堂和修道院使用，然后才渐渐被民用建筑（市政厅、医院、大学……）吸收，广泛传播开来。
因为美的事物如同强有力的、伟大的观念会长出翅膀飞遍世界各地。电学原理传播到世界不正是这样吗？电灯、手机里头有电学原理。这些原理是美的自然哲学观念。

← 法国一座著名的修道院内部，始建于1539年，现已被毁。图片为1790年木刻。

半圆拱连券和古希腊爱奥尼克柱是该修道院内部庭院最凸显的特点。法国修道院偏爱说这个建筑符号。"思南公馆"这栋"修女楼"的立面半圆拱连券同这里的庭院有建筑语言的继承或血缘关系。这是我的结论。

↓ 英国方廷斯修道院建筑废墟（遗存）。

请注意它的半圆拱连券这个审美词汇。它好像成了欧洲修道院有代表性的建筑符号。我把这张图片放在这里的意图，是想为"思南公馆"的"修女楼"再找点旁证，支持我的有关推测。我的臆测决不是子虚乌有，捕风捉影。

← 从"思南公馆"花园深处看"修女楼"的西门,半圆拱连券的窗依旧是它的特点。今天它已成了多个宴会大厅。我和周启英走进去欣赏过。

← 请注意上海浦东北艾路这栋约建于2006年的楼房:丽君酒店。有两大特点:
 1. 屋顶为法国17世纪著名的"孟沙斜面屋顶"。
 2. 半圆拱连券的使用。
 这两个词汇虽不是原汁原味,是走了样的仿造,却说明法国建造语言符号系统对上海建筑的影响。

← 上海瑞金医院隔壁一排商铺,建于2003年。
 请注意半圆拱连券这个词汇,这个符号。
 可见,"思南公馆"的"修女楼"并不是博物馆里的洋货,它是正在呼吸的、有生命力的、活生生的21世纪的大上海建筑有机体。

↑ 宴会厅1。过去这里是"修女楼"建筑空间,今天的改造工程项目把它转变成了思南公馆酒店多功能宴会厅,从中体现了项目的创造性:

由出世转入世——饮醇酒,歌唱,为之陶醉。

↑ 宴会厅2,我同周启英多次在此踏察、激赏和赞叹过。这里凸显了中国美学一个"韵"字:曲尽法度,妙在法度之外,其韵自远。——有典、富、贵、雅、丽韵味。

↑ 宴会厅5,这里的建筑空间具有独超众美的豪华和富丽,全然以"气象"取胜。
  作为中国古典美学概念,"气象"特别适宜描述、刻画人的空间感。贝多芬的钢琴协奏曲便给人气象雄浑感,那是何等气象,何等壮丽!

周 公 馆
——为什么当年的国民党会丢失掉在大陆的政权？

思南路73号有栋法国式的乡村别墅（老洋房），按建造年代和建筑风格应属于思南路同一地块，但由于它在历史、政治和社会的特殊地位，只能让它独立出来，有别于"思南公馆"。

两个"公馆"不在一个层面上，性质也不同。不过两者又是互补的，是相互的需要。周公馆让21世纪的我们看到了老洋房的原汁原味或原风貌；思南公馆作为新风貌区为昔日"国统区的一朵红花"提供了片片绿叶作为衬托，丰富了这座小小的"历史博物馆"。

馆小意义大。

1946年6月—1947年2月，以"周恩来将军寓所"名义设立驻沪办事处，周恩来、邓颖超夫妇和董必武常住这里。

这栋一底四层的花园洋房，旧时原貌底层为传达室、厨房和汽车间；一层有周恩来和邓颖超夫妇的卧室、办公室、会客室和饭厅；二、三层有董必武、乔冠华等人的卧室和办公室，以及男、女工作人员宿舍等。

1945年抗日战争胜利后，国共两党经过谈判，确定了"和平建国的基本方针"，为了继续谈判和开展统一战线工作，考虑到上海是全国最大的工商业城市，各党派领导人及许多知名人士均居住于此。为便于工作，还有必要在沪设立一个公开的办事机构，周恩来率中共代表团于1946年6月在上海公开设立了办事处，但国民党政府不同意，竭力阻挠。中共遂决定该办事处对外用周恩来将军寓所的名义，称"周恩来将军寓所"，简称"周公馆"。那块暗红的木牌上写着 GEN.CHOW EN-LAI'S RESIDENCE，即"周公馆"。

该处房产是乔冠华夫人龚澎女士通过其妹妹在沪的社会关系选择了该处楼房。当时这里的主人、国民党大员黄天霞要去南京，思南路寓所闲置，有意出租，中共代表团以6根金条作订金，从6月份起租赁使用。

周公馆意味着中国在抗战结束后，中国共产党曾图谋通过团结一切可以团结的力量以避免内战的一段特殊历史时期。

周公馆设立后，周恩来曾多次在此举行记者招待会和会见中外友人。同时，周恩来同邓颖超、董必武、李维汉、陆定一、乔冠华等中共代表团成员先后来沪开展工作，一方面以记者招待会的形式向社会阐述中共和平民主的各项主张，另一方面通过拜会郭沫若、张澜、沈钧儒、许广平、马叙伦、马寅初等民主人士，向他们介绍国共谈判情况，交换对时局的看法，建立了广泛的统一战线。

与此同时，周恩来对进步的文艺界人士也十分关切。曾在周公馆一楼客厅邀请100多位戏剧电影界人士座谈，参加的有著名演员周信芳、白杨、丹尼和剧作家、导演于伶、黄佐临等。

周公馆历史使命的最终完成是在1947年。这年3月5日，中共驻沪全体办事处人员被迫离开上海前往南京；3月7日，在董必武的率领下安全返回延安。以后上海周公馆的物业委托民盟代管，不久就被国民党查封了。

周公馆的使命延续虽然不到一年，但它在中国现代史的记忆中留下了不平凡的一页。在周恩来一生波澜壮阔的政治生涯中，这里的"周公馆"仅仅是一朵小浪花。最近，我常经过这里，也走进去过多次。老是有两个问题萦绕在我脑际：

21世纪的中国还会出第二个像周恩来这样的大政治家和杰出的国务活动家吗？"十年文革"出现了"批周公"、"打倒周恩来"的暗流，逆流。如果"四人帮"得逞，那么，中国共产党的历史还能剩下什么？没有周恩来的"党史"怎么写？

抗战胜利后不到四年，国民党便逃到了台湾。——这是为什么？为什么垮得这么快？

"周公馆"同"思南公馆"紧靠着，建筑风格属于一个大家族。在这里提出上述两个问题来探究是恰当的场所或地方。——这样，"思南馆"便突然变得厚重了起来：

"善待问者如撞钟，叩之以小者则小鸣，叩之以大者则大鸣。"（《礼者·学记》）

这两个"公馆"虽性质不同，却是叩大撞钟的地方。

"思南公馆"比"新天地"和"田子坊"多了两个独特的、得天独厚的历史元素：

贴隔壁的法国天主堂以及"修女楼"；再就是"周公馆"。这些"遗产"使"思南公馆"变得分外厚重。这是历史的厚重，免去了建筑的浅薄。金字塔和长城是历史厚重的典型符号。

还原历史 超越历史——我眼中的"思南公馆"

→ 这便是"周公馆"入口。

　　落座在"思南公馆"咖啡屋，又会想起"周公馆"，并引出了海峡两岸统一的课题。当年国民党政权为什么会失去政权，龟缩到了台湾？

　　如果今年我只有35岁，我一定会写部专著《国民党为什么会败退台湾？》。

　　以上课题是"思南公馆"的建筑"场域"催我进入沉思状态的收获。"新天地"和"田子坊"没有"催我思"的功能。

　　对于我这种人，思考是种享受。

　　"我思，故我在。"

　　这恰如农夫说"我耕作，故我在"；渔夫说"我撒网，故我在。"

　　可见，"思南公馆"在时尚、休闲和贵族气质的背后又隐藏着严肃的沉思或沉思的严肃。

从"空间·时间·事件"观照"思南公馆"的原屋主人

> 没有合适（恰当）的人入住的别墅仅仅是一个空壳，它不会比荒原上的一株枯树具有更多的意义。
>
> ——2012年1月8日

说白了，本章企图翻开非常模糊的、发黄的历史一页：

从上世纪二十至四十年代，这几十栋老洋房住了哪些恰当的人物？

有一点可以肯定，都是上层人士，过去叫高等华人。不过按我的价值观，我只想列举以下几位。屋仅仅是建筑空间，它要同人和事件（有人必有事件发生）合在一起才有存在的意义，才会编织成历史，也有可能会让历史记住。

人和宅，宅与人，是相互需要，是互相支撑。

自然界的狼与洞穴，蛇与洞穴，鸟与巢的相互关系不也是这样吗？

我国古人早就有过人与宅是相互需要的论述。在本质上下面这段见解属于"世界建筑哲学"，很精辟，很智慧。我几乎读遍了半个书架上的西方建筑学和建筑史，还没有见过如此深刻、言简意赅的洞见。

"宅者，人之本。人因宅而立，宅因人得存。人宅相扶，感通天地。"（《黄帝宅经》）

原住马思南路113号（今思南路79号）的"太源五金号"副经理沈冰言值得一提吗？尽管他家的摆设全是法国化，包括法式镀金家具，墙上的油画,件件洋派十足,但上海的历史不值得记住他。当年上海一些重要的、诚实的房地产商、建筑设计事务所(洋行)、施工团队、建筑设计师和诚实的建材商……却是该被记住的。

上海的历史自然会懂得该记住什么,忘却什么,包括人和事。否则就不是历史,也没有历史。

什么是历史?历史就是学会永远记住加上永远忘记。

《沉思》一曲低吟,缠绵,朗诵的内涵之一也是这条历史哲学原理。

一、张瑞椿

原马思南路85—129号(今思南路51—95号)俗称"义品村"。这是因为这23栋别墅是由"义品放款银行"开发、设计、营造和管理的。建造时间应为1921—1922年。

其本名为"比法银行公司",是法国与比利时商人合办的一家银行,主要经营房地产押款业务。1909年在上海设分行,俗称义品洋行。主要经办人为买办张瑞椿(1882年生,宁波人),出身于早期天主教家庭,幼时被送入一所教会学堂学法文。凭着他的流利法语,他成了法租界房地产业界炙手可热的人物,自己也购置了许多房地产。

树大招风。1927年张瑞椿连续接到两封绑票恐吓信(这是当年富豪、大款常遇到的事件),内心十分恐惧。心想:家人和自己都要保镖(多为白俄),如同生活在牢笼里。于是萌发急流勇退之念,决定携全家移民法国。

1941年底,日本恒产公司接管了义品洋行的产业。张瑞椿的故事是一部小说的材料。人生就是戏。开发"义品村"搭建了一个戏台。演员们的命运各不相同。在巴黎的深秋雨夜,张瑞椿有"孤客一身千里外,未知归日是何年"的羁旅之愁吗?

在巴黎郊外寓所壁炉前,他听到劈柴毕毕剥剥燃烧的声音,进入暮年的他,会想起宁波和上海二十年代的法租界吗?会有"归梦如春水,悠悠绕故乡"的思绪吗?

这只是我的推测、臆测和想象。因为我只追求历史软真实的诗意。

在今天的"思南公馆"记忆中,应有张瑞椿的身影在晃动。我最推崇汉代李陵《答苏武书》这四句千古绝唱:

"远托异国,昔人所悲;望风怀想,能不依依?"

这是中国古诗的极品。若是《沉思》的忧伤旋律同这首千古绝唱在"思南公馆"相遇,古人今人,前辈后辈,自抒胸中所蕴,我便会暗自垂泪……

到位的"思南公馆",到位的《沉思》一曲难忘,才能教人暗中垂泪以道,销魂荡魄。——这才是我的隐隐然追求。其实这也是惆怅的"思南公馆"主要内涵,包括这里的"柳老春深日又斜,任他飞向别人家。"

二、张静江

曾任浙江省主席。浙江人。有多重显赫的身份:

上海大商人,经营古董;同孙中山和蒋介石有过重要关系,曾把陈洁如介绍给蒋。

抗战爆发,他离开了马思南路上的寓所,赴纽约寓居。1950年病逝于巴黎,享年73岁(1877—1950)。

他在马思南路一共有6套房产:从88号到98号。他本人则把70号作为自家的私宅,也是李石曾、吴稚晖等"世界文化合作协会"同仁们经常碰头活动、神聊的建筑空间之一。——这便是我所说的事件。

> **空间和时间是一个"空筐",人的大小活动是事件,人把大小事件往"筐"里放。**
>
> **世界便是"筐"中大小事件的总和。**
>
> **历史不会把小事件记住。因为它没有价值,不需记住。**

张静江把原90号、94号和96号……卖给了谁,多少银元或金条?历史有必要记住吗?

有一些却是要记住的:二、三十年代上海码头工人、发电厂工人的月收入是几块银元?小学老师呢?建筑工人呢?"修女楼"中的法国修女被分配到南昌法国医院当护士的月薪是多少?每年她是否能剩下一点钱寄回老家诺曼第赡养老母?

三、黄赞熙

生于1874年,福建人,早年求学于香港皇仁书院。1924年起任陇海铁路督办。在位三年,离任后来上海定居。

在愚园路购得一栋豪宅作私邸,再购得马思南路56—62号(今思南路50—56号)以及辣斐德路575号和577号共6栋法式乡村别墅作为投资计,靠租金过着享乐生活。

1949年,黄赞熙已七十有五,他的享乐生活该在这一年画上一个句号了。

三十年来,我骑车经过老洋房。凡是有建筑艺术价值的屋,我必刹车,对之满心赞美一番。这时我追问的不是历史硬事实的真实,比如这是谁名下的房产?不过对以下真实,我还是有好奇心的,因为我认为有价值:

建筑师是谁?哪年造的?建材(比如大理石)产自哪里?

著名匈牙利建筑师邬达克(Hudec)便是上海城市历史要记住的。他承接的设计范围很广。早期从住宅开始起步。毕卡迪公寓(今衡山公寓)是他的作品。在我的历史长篇小说《一个人和一座城——上海白俄罗森日记》便有邬达克的影子,我取了他的姓氏第一个字母H。

谁在这栋老洋房住过?他们的命运如何?比如1949年屋主人逃往香港、台湾或美国。当时是什么心情?

屋子里肯定有事件(故事)发生。——创作历史长篇小说(或电视连续剧)就是追求历史软事实的艺术性。这才是我痴迷的世界。

把二、三十年代的"思南公馆"(包括"修女楼")塑造成文学形式,让文学形象到场,值得一试。

这时候,黄赞熙作为一个小说化了的角色,或许能让人记住。

路过法国老洋房,深怕又盼望有小提琴曲《沉思》低送几声令人愁肠百结的旋律。宋代词人柳永早就描述过他对器乐的感受:

"何人月下临风处,起一声羌笛?"

历来"以伤感为美",这是人性的表现。
"思南公馆"骨子里常透出这种美感正是它的迷人处。

四、丁济方

生于1901年,江苏武进人,为名医丁甘仁长孙。以外科、儿科、喉科和伤寒见长,历任上海中医学院院长,上海国医学会理事长。

丁氏每天诊病一二百号,下午出诊三四十家。

另一面他又善于理财。将多年的积脉金作为第一桶金从事买卖、证券,购置了不少房地产。三十年代白俄造的尼古拉斯东正教堂正是他的地产。丁氏特别偏爱马思南路和辣斐德路地块,并设立房产公司,造了一条新式里弄。

1949年丁氏只有48岁。后来呢?后来他还亲自跑来收房租吗?

文革那年,他已六十五岁。当年和后来,他的子女呢?人生就是一连串的故事,也是尘累的故事,为名为利而起早贪黑。死亡才是总休息,彻底休息。庄子的八字两句是生死最高哲学概括:

"劳我以生,息我以死。"

丁济方,以及法国修女,都不能逃脱庄子撒下的这张八字两句大网。

独自坐在"思南公馆"内的咖啡屋,常想起这张无形的、看不见的大网。唉,"人生如寄,多忧何为?"

五、曾 朴

著名近代小说《孽海花》的作者。在他的内心有个"法兰西情结"。尽管他从没有去过法国,但在他笔下却有令他魂牵梦萦的巴黎,19世纪法国浪漫派音乐以及文学和戏剧。

他把法文Chanson(歌曲,歌谣)译成动听的"香颂"毕竟有点创造性。这就好比今天有人把"Coca Cola"译成"可口可乐"。只有中国消费者才懂得这个译名的妙绝!

他在法国文学翻译界的"荒原"上走出了第一步,历史不应忘记他,就像历史不会忘记傅雷。

在塑造现代汉语中,曾朴的译文有最初一份功劳。当然傅雷的功劳大得多。

曾朴的宅第曾在思南路。——这才是一个合适的人(A Right Man)据"合适的地"(A Right Place)。按理,傅雷也应为思南公馆一栋法式别墅的屋主人。这才是"适得其所"。舍去傅雷,还有谁,更有资格入住"思南公馆"?

曾朴醉心于二三十年代马思南路这一带的法兰西"场"或气息。当然,那是他的幻想,也是他的"梦样状态",因为他压根就没有到过法国:

"马斯南是法国现代作曲家的名字,一旦我步入这条街(指思南路),他的歌剧 Le roi de Labore(即拉荷尔城的国王,五幕歌剧)和 Werther(即维特,四幕歌剧,剧情取自歌德小说)马上就会在我心里响起。黄昏的时候,当我漫步在浓荫下的人行道,Le Cid 和 Horace 的悲剧故事就会在我的左边朝着高乃依路上演;而在我的右侧,在莫利埃路的方向,Tartuffe 或 Misanthrope 那嘲讽的笑声又会传入我的耳朵……法国公园是我的卢森堡公园(2004年我有幸在它的附近一家18世纪的旅店住了一个星期——赵注);霞飞路是我的香榭丽大街。我一直愿意住在这里就是因为她们赐给我这些古怪、美好的异域感。"

读者哟,请注意曾朴在当年这一带散步的感觉,他才是最有资格入住这块地段的居民。因为他"识货",能品出这里的气息或韵味。在这里我想指出如下几点:

第一,思南路这一风貌区大环境的重要性,其中包括街道的命名。

作曲家、剧作家的名字仅仅是个符号,便会在曾朴的大脑里诱发出相关的旋律和剧情。可见,人创造了符号,符号也塑造了人。

若是把法租界这几条马路改成吊死鬼路、僵尸路、饿狼路和凶杀路,那会是什么效果呢?

又若是改用法国大数学家姓氏命名,如拉普拉斯路、拉格朗日路、哥西路和蒙日路,曾朴还会有强烈的、美好反应(条件反射)吗?估计会麻木。因为曾朴是个纯文人,不懂数学,也许还极度反感数学。

可见,以马斯南、莫里哀和高乃依这些文化名人命名的街道有效地营构了这一带的法兰西气息。可见符号的重要性!仅仅是个符号啊,却能产生这种奇妙的心理效果。"欧美加"手表这个品牌不也是这样吗?仅仅 Ω 这个符号便让当今一些新贵心跳,满脸放光,自豪!

第二,曾朴是个典型的小说家。他的幻视、幻听、幻嗅……相当发达,不同于常人。他能从当年马斯南路的环境(主要是别墅建筑场域)幻想出法兰西的文明气息,尤其是巴黎的情景。

他的通感、统觉引导他进入"梦样状态"(Oneiroid State)或"梦样幻觉"

(Oneiroid Hallucination)。

这两个术语均来自《精神病学》。科学、艺术和哲学创造心理学同精神病学在许多地方是相通的。两者是"一梯两户"的关系。天才和疯子有区别,但有联系。

曾朴的"梦样状态"常与幻觉和其他想象性的体验相结合。这种梦境常与富有情感色彩的幻想交织在一起。患者往往成为梦幻事件的实际参与者,有时则以旁观者身份出现。——这种状态往往可以持续几周或数月之久。

也正是这种状态营造了、玉成了文学艺术家,包括曾朴。

若是我想正式动手创作有关法国传教士和修女的历史长篇小说,我准会多次来到"修女楼",包括在一个月夜,四周渐渐安静下来,我成为梦幻事件的实际参与者加上以旁观者的身份出现……

曾朴是21世纪我们的先辈。

历史是一代人接一代人编写的。"思南公馆"最高决策层所追求的八字原则在我内心产生了共鸣:承先启后,继往开来。

历史上的曾朴在我前面开路,我努力步其后尘,做点力所能及的事。

我不可能成为这个新风貌区的屋主人,但我可以常来这里闲逛,落座在这里的咖啡屋,进入"梦样状态",是一种精神层面的过把瘾。

六、梅兰芳

上海城市历史不会忘记梅兰芳在马思南路121号(今思南路87号)住了大约二十六年:1933—1959年。

梅兰芳故居叫"梅华诗屋"。

1931年"九·一八"事变,日本对中国侵略的火焰眼看就要烧到北平城。原在北平的梅兰芳为了不做日本统治下的"御用艺术家",就必须在不折损民族尊严的大前提下保护自己。所以在无奈和抑郁的心境中,梅兰芳南下来到上海。

他之所以决定租下121号这栋花园洋房,原因是:1. 这里是法租界幽静、高雅和独立的住宅区,交通便利,闹中取静,离霞飞路仅一箭之地;2. 周围的住户均为上流社会者,素质高。比如123号是程潜将军的府邸;125号则是李烈钧的宅邸。民国初,李在江西是赫赫有名的军政首脑。小时候,我在南昌常听到老人谈起李烈钧;3.文化设施和氛围好。法国人办的震旦大学就在附近。马思南路121号所在弄堂底是所小学。1934年梅葆玖在上海出生后便就读于此。——梅宅花园有个小门即直通小学操场。

再者,法国公园在附近;梅老板的老友冯幼伟家也很近,交往、过从方便。

抗日战争期间,梅先生隐居在此,蓄起了胡须,是个卫护民族尊严的凸显符号。因为在京剧舞台上,梅先生唱花旦。可见他蓄须明志的政治内涵。

上海日本宪兵政治科长林少佐曾多次登门拜访梅,日军当局希望梅为汪伪还都南京以及大东亚共荣圈演出祝贺,梅将"荣获天皇陛下的高度赞扬"。最后被梅兰芳婉言谢绝!再往后,日本重光葵大使也来过三次。对大使的邀请,梅兰芳还是那句话:

"盛意心领,因年事已高,蓄长须,势难再演花旦,请阁下谅察。"

所以今天的"思南公馆"这个历史文化新风貌区还是一个维护民族尊严、爱国主义的符号。

道德高于艺术。

"思南公馆"修缮和改造前后的强烈对比

> 说实话,我是被前后对比而深深触动才拿起笔来撰写这本书的。我是"为艺术而艺术"。
>
> ——2012年1月15日

  1999年9月,上海市政府提出进行历史建筑与街区保护性改造试点。"思南路项目"被确定为上海市试点项目之一。

  一座尘封已久的建筑艺术宝库大门便被"芝麻芝麻,开开门"叫开了,里面是一颗颗建筑璀璨明珠。它是上海的一笔财富,也是全国的。

  准备工作做到了极至。它具有三性:科学性、历史性和系统性。2002年5月,由上海同济城市规划设计研究院和国家历史文化名城研究中心编制了《上海市卢湾区思南路别墅区保护与整治计划》,并于同年8月经上海市城市规划管理局审批通过。

  今天,我作为一个普通的上海新市民,在这里向这三个单位致敬!

  2004年5月,由法国、德国和中国三方设计单位共同编制了《思南路项目保护修缮整治方案》。——在此,我同样要对国内外这些专家的集体创造性智慧致敬!"知识即力量"这句格言是对的。知识来自大脑。

  在这里,我想有必要说明以下5点:

  1. 设计单位有三家参与:法国夏氏建筑与城市规划事务所;德国诺沃提尼梅内联合规划公司;上海现代建筑设计(集团)江欢成设计有限公司。

  2. 夏邦杰氏(七十多岁,满头白发)是法国著名建筑师,1999年夏末初秋我荣幸地作为评委之一参加了"上海五十年十大建筑评审委员会"(陈逸飞和叶辛也是来自建筑圈外的两位评委)。五六次开会,我和这位法国建筑师总是紧挨着而坐。踏察一些优秀建筑时,我们经常交换意见。这是我的一

还原历史 超越历史——我眼中的"思南公馆"

段难忘经历。我是一个"活到老,学到老"的人,包括这回多次识读、体验"思南公馆"这个"文本"。——是这个"文本"拔高了我,而不是我写它。

3. 德国专家在修缮、整治和改造老城区方面因他们的严谨性、精确性、科学性、历史性和系统性而闻名于世。我曾五次访问德国,在修缮、改造建筑工地上,我是个有心人,仔细观察过他们。他们的"五性"给了我难忘的印象!

在二战中,德国城市毁坏严重。所以老建筑的修复和还原成了热门专业,也培养了一批顶级专家,在世界享有声誉。"思南公馆"邀请德国有关专家参与修缮和改造是找对了人。可见该项目的精心策划!

关于前面提到的日耳曼民族的"五性",我只想举个生活上的小小例子——这是我在德国的一段经历。

"赵,你想吃什么硬度的鸡蛋?"早餐时,我的朋友兼房东米歇尔问我。

"介乎于凝固与流质状之间的那种,"我回答。

然后德国人用玻璃量杯盛水,刚好三格,然后煮。三格水蒸发干净,铃声一响,正是我所需要的鸡蛋!

4. 我方(中方)的认真、一丝不苟的态度也令我脱帽致敬。作为建设单位上海美达建筑工程有限公司清一色的专业团队正是我多次满心赞美的"手脑并用"。他们找来近一个世纪前的所有建筑图纸参考、比较、定位。"除了在卫生、采暖、空调等实用功能上有所改

↓ 2004年9月5日,我第二次造访慕尼黑一座古老教堂。

该教堂在二战末期被毁严重。德国集中了一批专家为还原历史,修缮该建筑作出了决定性贡献。

在修复后的教堂大门前,展示了教堂被毁惨状的多幅照片,目的是让21世纪的人从前后对比中深刻感受古建筑修缮、保护的创造性力量。像该教堂的项目,整个德国有近千个,包括柏林的国会大厦。所以"思南路项目"邀请德国有关专家参与、出谋献策是对头的。

进外,其他方面尽量恢复历史原貌,就连地板颜色也是精心选择的,努力接近原汁原味,"思南路项目实施团队负责人如此介绍、讲解。我站在旁边用心听,意识到,我是在走进修缮、整治和改造成片老洋房的"博士班"。——我是"好好学习,天天向上"的人。

上海城投永业公司是"思南路项目"的操作者。他们懂得同其他单位合作,拧成一股绳。

整个来说,项目是个"系统工程",对此,我只有钦佩。本质上,系统工程是一部"交响曲",它要有一个杰出的指挥。

5. 细节的魅力。

思南公馆项目在实施全过程中,用心良苦,费尽了心血,可谓精益求精。

比如对木地板和扶手一丝不苟的追求。送到厂里去重拼,再运回;老式铸铜门把手及插销,在上海买不着,统统去广东订制;被严重破坏的壁炉(十多年前我在这里曾亲眼目睹过其惨不忍睹状,因为我珍惜这个"有家"的符号),得到修复;绿色小瓷砖照原样烧制(还要有点裂缝——这是为了还原历史);至于瓦片,则跑到宜兴用陶土按原样做旧;五金件、天地锁、门上的装饰条和顶上的石膏线,样样都求逼近原汁原味,都是为了还原历史这个目标。

历史,说到底是人同时间"一去不复返的无情"的格斗和较量。历史,体现了人的强力意志。摄影术(法国人的伟大发明)把无法留住的时间定格在一处。七十岁老人把自己童年时的照片拿出来看,归根到底是短暂战胜时间的一种过硬明证。

在修缮老洋房的鹅卵石外墙上,团队同时间较量的强力意志也是可圈可点的。相关专业人员往南京雨花台来回跑,足足试了60多个样本,最后才定下来用不同大小、颜色和形状的鹅卵石排列组合……

站在这些有生命的老洋房面前,我意识到这是一首首建筑抒情诗。唐代诗人贾岛谈起过自己创作的过程:

"两句三年得,一吟双泪流;知音倘不赏,归卧故三秋。"

"思南路项目"的团队,从上到下,也把每栋屋当作一首首诗来做。(包

↑ 别墅3，黄昏或黎明时光，站在别墅阳台上看公馆庭院，另有一番景色和情调。我国古典建筑美学早就指出过楼、台、亭、阁的审美价值。

比如亭子的功能便是"江水无限景，都聚一亭中"；或"惟有此亭无一物，坐观万景得天全。"

↑　老式铸铜门把手以及门、窗插销等细节都是去广东订制的，一丝不苟。
　　刘申、卢永锋两位工程一线指挥提醒我，我才举起相机，来个特写。我意识到，艺术作品的永恒在于所有细节的相加。其总的美学效应必大于相加的算术和：1+1+1 > 3。

↑ 请注意图片上的三个细节：
　1. 墙壁上百年传统的鹅卵石，返原了历史；
　2. 铜制窗插销；
　3. 古色古香的壁灯造型。
　这是我的特写镜头，为的是深入揭示"思南公馆"建筑艺术美的构成细节。细节不到位，美从何而来？莫扎特的钢琴协奏曲是由一个个音符组合在一起构成的。

括窗、门、阳台、护墙板、墙、地板、楼梯、屋顶、壁炉和烟囱等）对所有细节他们都作了详细的制定，提出了特殊的处理方法。比如室外楼梯踏步为凿毛花岗石；黑色铸铁栏扶手为简洁的花饰。

关于团队的严谨、精细和科学性，我只想举两个例子：

A. 对屋顶这个构件，逐栋屋都作了调查。比如确定某屋顶为法式四坡顶；木屋架结构；木缘悬挑出外墙多少mm等。（定量分析）

B. 不仅用肉眼观察，还切片（比如对墙体）取样在实验室用精密仪器进行测量（定量）分析。当然要在显微下做这种一丝不苟的工作。

> 这是该团队的"两句三年得，一吟双泪流。"
> 我被感动了，由感动，蓦地生出了钦佩！
> 亲爱的读者，你不被这种认真雕琢感动吗？
> 把所有细节的魅力相加会远远大于单纯算术之和的魅力，即1+1+1＞3。艺术生命在于细节。这是"思南公馆"让人心醉的奥秘所在。

今天，我和我的多年朋友周启英，还有许多国内外的老中青，都是"公馆"的知音或叫粉丝，这个团队该有种成就感了。

↑ 老洋房在多处用到古希腊罗马柱式。

在欧式建筑艺术中，柱式是一个重要符号。在修缮、还原历史的过程中，必须认真对待这个符号，这个词汇。先切片在显微镜下作出精确的物理、化学分析，然后再作保护性的整治、雕琢和改造。

今天，每当我走过公馆一根古希腊罗马柱，我都会习惯性地在它面前站一站，并想起这里附上的图片，工人的手和破损的柱。我向工人师傅的双手致敬！

↑　项目团队的工人们在老别墅屋顶上按照设计要求进行施工、操作。他们的脚底下正是阁楼。2012年春节千千万万农民工回家过年。从电视新闻，我看到他们的身影。
"这里面，也有返乡的建筑工人吧"，我的内心在自问，从心底里冒出了一团对他们一双勤劳、精湛的手深表我的敬意！——这是我的心里话。我已经到了说老实话的年龄。

↑　这是整修一新富丽堂皇得像童话世界的阁楼内景。它把我内心的"阁楼情结"推到了极至：小楼一夜听秋雨，淅淅沥沥滴残荷。

→ 修缮、整治、改造工程队的工人正在根据项目模式制定者和一线工程师的技术指标要求进行严格操作。

我想起近百年的理论物理学伟大观念。但它和实验物理学都不能直接、改变和创造世界。它们需要通过最后一个环节来达到目的。这便是技术。操作技术的永远是工人的一双手。

→ 改造"修女楼"的工程相当复杂。建筑基础部分要用大量钢筋混凝土加固。这里涉及建筑力学。——这是硬件。硬件不过关,便无从谈起建筑抒情诗。(建材属于硬件)

世界分硬世界和软世界。硬是软的大前提。艺术,诗歌,音乐和绘画……均属于软世界。硬世界最后要落实到软世界。硬世界本身不是目的。

← 这是"修女楼"的半圆拱券,也是艺术含金量最高的一个构件。工程要求工人动用双手把建筑构件经编号后精心把一件件拆卸下来,在平地上修缮、整治、加固,整座楼作位移之后再安装上去,让它到位。——这只有"手脑并用"才能做到。

这才是"两句三年得,一吟双泪流。"

← 这是修缮、整治和改造前的"修女楼"(七十二家房客)。风貌建筑得不到正常维修和加固,致使其持续恶化、老旧、破坏衰落,摄于2003年2月。

花大力气,经改造和雕琢后,该楼是旧貌换新颜!从前后对比中方能见出该项目的成就。上海城投永业集团是该项目的投资单位。刘申和卢永锋是参加者。这次我写书,同他们有过多次接触,得到了具体的帮助,让我记住了他们的名字。钱军以及刘、卢两位,也会被21世纪上海城市历史记住。历史是公正的。

↓ 这是项目实施前老别墅屋顶阳台的衰败、破损状。法国巴洛克风格的烟囱也无精打采,失去了昔日曾经有过的挺拔、风韵和神气。摄于2003年2月。

今天,有事业心、为大上海城市历史记忆作贡献的多家单位(其中投资商上海永业企业有限公司和总承包美达建筑公司给我的印象最深)自然懂得,只有通过"手脑并用"才能把保护性地改造成为一颗颗璀璨的明珠。

只有从改造前后强烈的对比中才能透露出亮丽和诗意。揭示这种建筑艺术的美是我"为艺术而艺术"的强力意志表现。我是不吐不快!

↑ "思南路项目"实施之前门窗的老旧和剥落。

保护、整治和改造主要分三大块:

一、建筑承载系统(墙、柱、梁、楼板、楼梯和基础等);

二、建筑功能(防火、防水、采光和通风等);

三、建筑装饰(地面、墙裙、楼梯栏杆扶手、门窗套、装饰柱、壁炉、屋面和烟囱等)。

我的大提琴梦
——如果从69号别墅传出"四重奏"

"如果",仅仅是我的假想,仅仅是一个梦。

2012年1月17日,从下午2点到次日午餐结束,笔者同周启英、李传海和娄敏有幸在"思南公馆"(酒店)69号别墅度过。

这又是一个事件。

对69号,是个小事件;对我们四个人并不是小事件,尽管我们只入住了一夜。因为零距离接触这栋老洋房的通感和统觉已成了我们心灵化了的东西。

李传海是我的忘年交,山东(鲁南地区)钢琴音乐教育界资深人士,经他培育的学生许多已考进多座音乐学院钢琴系。娄敏(女)便是李传海的早期弟子。她曾师从传海,刚从山东师大钢琴系研究生班毕业,擅长演奏缠绵、婉转和如歌似的钢琴曲。——那仿佛是她自己的心曲,比如肖邦、李斯特和德彪西的作品。至于伴奏,更是娄敏的强项。

2010年金秋十月,我去鲁南多座音乐学院讲演。李传海为我举办了一场音乐会,担当钢琴伴奏的正是娄敏。她说,她爱在"斯坦威"名牌钢琴上弹奏德彪西的《大海》,以及李斯特的《爱之梦》。

寒冬深夜,我们四人坐在有暖气的客厅里神聊,突然觉得69号楼缺了一架钢琴!

也许同时欠缺的是一个拉小提琴、另一个拉大提琴和一个拉中提琴的人!如果我能拉大提琴(只能是业余水平),并加入"四重奏",那该有多美妙!

  我偏爱大提琴呜呜咽咽、如泣如诉的声音。那是人的太息,不是叹息。太息属于天地间的现象。太息是"世界哲学"(World-Philosophy)的音响化。

还原历史 超越历史——我眼中的"思南公馆"

↑ 这是2012年1月我在浦东拍到的一景:木叶落尽的疏林同变幻不定的浮云在窃窃私语。这是纯自然的美,我也爱。

"思南公馆"光秃秃的树梢同别墅高高的巴洛克烟囱合在一起同浮云对谈有别于纯自然美。因为别墅烟囱的性质是人类建筑文明的符号。

不过这两种美,我都热爱。只有文明才使人成其为人。今天,原始、野蛮状态的人是无法存活下去的。我们要热爱人类文明,只是别让文明严重伤害大自然。——这是我在69号别墅深夜想到的。

我们四人不约而同,都想通过乐器诉衷情,说心事:

"滞雨长安夜,残灯独客愁。故乡云水地,归梦不宜秋。"(李商隐)

经典音乐"以愁为美"。——这是音乐美学和人类心理学很奇怪、百思不得其解的现象。

幸福是有等级的。仅仅入住"思南公馆"还得不到一级幸福。只有进入精神(心灵)层面上才能达到。看来,我离人生的一级幸福还有一段距离。我要想法子去弥补,努力完善自己。

69号别墅"一夜情"再次让我看清了自己,我是不完善的。——我多么想通过大提琴的声音去朗诵人生世界!

* * *

事情过后,通过手机,我同传海、娄敏这对山东师生情还在回味69号别墅的通感和统觉。

那天夜晚窗下花园的常青树,有风萧萧而异响,有云漫漫而奇色,是我们一行四人不能忘怀的!

今后,这种内外阅历、体认和感悟,必然会从传海和娄敏的指尖下如梦如呓般吐露出来。我知道,这对志同道合师生的梦是拥有一架名牌钢琴"斯坦威",恰如小提琴家渴望拥有一把"斯特拉迪瓦里"。

各人有各人的梦。它并不遥远,却清晰。梦的本质是个"自我世界",它比外在世界更重要。

"思南公馆"69号建筑空间是鼓舞健壮的男人和丰满的女人去追求"自我世界"的好地方。

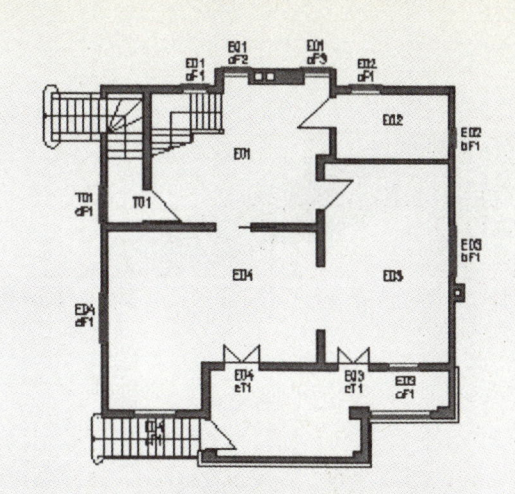

↓ 2012年1月18日早晨，我走进69号别墅三楼向东的一间小房间（约8平方米，很温馨、可爱），推开窗，即见到这一景：

　　严冬的树梢同巴洛克风格的烟囱合在一起同穷极变幻的天空在作长久、推心置腹的密谈。

　　今年北半球很冷，人类及其文明归根到底是气候的产物。太阳的光和热才是我们的命根子。太阳决定了人类的兴衰、生与死。——回到客厅，对着沉默不语的壁炉，我坠入了对人类文明的沉思。壁炉本就是催人思的一个动情的古老符号。

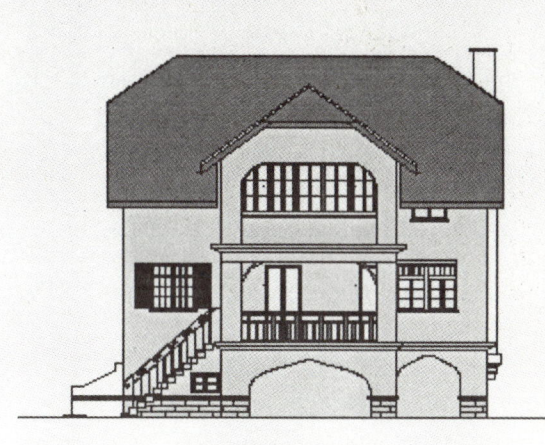

↑ 思南路69号二十世纪二、三十年代初建成的原本状态（Original State）。

↑ 别墅内景，海龟有个硬壳，屋也是人身上的一个壳。所以，从建筑哲学去给人下定义，人便是"屋人"。

→ 别墅内景，人不能直接睡在星空底下。卧室是用建材从自然空间围隔出来的。住宅是人存在本身。音乐、绘画、文学和舞蹈……并不是人存在本身。

↑ 别墅内景，我不仅亲身踏察过思南公馆多座别墅，用灵魂丈量过它们的空间，而且同友人入住过一个夜晚。那个晚上有我所体验过的老洋房别墅况味。

对于我，那是一次用理想世界来补充现实世界的经历。

↑　别墅内景，如果从这里的客厅传出"四重奏"，那么，整个建筑空间便会弥漫着一缕缕委婉清丽、撩人思绪的氛围。

　　幸福是有等级的。精神层面高于物质，尽管物质是精神的大前提。一曲难忘便属于精神层面的幸福。

→ 本书作者同娄敏在69号别墅大门前合影。

"这是我生平住过的最洋派的一栋屋。唯一的遗憾是屋里少了一架三角钢琴",她悄悄地对我说。

↓ 李传海和娄敏在69号别墅餐厅合影,2012年1月18日早晨饭后。

他们是师生友情。古典钢琴音乐是他们最深厚的、牢不可破的共同语言。

同样,也正是这种语言作为黄金纽带把我们四人合在一起入住有四层楼的欧式别墅。对于我们的一生,入住改造后的这栋老洋房决不是一件小事。

↑ 我们三人站在69号别墅门口欣赏隔壁"周公馆"的老洋房建筑艺术。我的左边是周启英。他和我同是西方古典音乐多年的老粉丝。

← 娄敏在经改造后的新式里弄(思南公馆内)留影。

"正如你所说,在这种建筑环境中,我的心耳也听出了典雅的钢琴旋律,好像是李斯特的《爱之梦》或肖邦的《船歌》。我习惯同时动用耳朵和眼睛去欣赏建筑,"她对我说。

"毕竟你是从钢琴系研究生班毕业的,你把建筑和音乐微妙地糅合在了一起,就像一杯咖啡牛奶为一个有机整体,无法分离。"

我动情和动情的是我

在整个写作过程中,我无法不动情。我是在学着朗诵"思南公馆"这首城市老别墅群的散文诗;我也是在学着唱这首歌。既唱歌,更唱情。歌的灵魂是情。

若有人问我:

"为了写好这本书,找到感觉,听说你到思南公馆来有十多次,不管是刮风下雨,还是潇潇落叶时分,你都来这里转悠。那么,最打动你的景物是什么?"

我略加思索,回答如下:

下雨有下雨的味道。听"思南公馆"的雨声有别于在其他地方听雨。一个人走向成熟,有多种方法。学会听雨是一种。雨催诗,雨催思。归根到底,雨是天地之间的语言。杜甫便吟唱过:

"片云头上黑,应是雨催诗。"

刘长卿也是唐代写雨的高手:

"细雨湿衣看不见,闲花落地听无声。"

在思南公馆仰观俯察,我也有过唐代诗人的感觉,那是他们启发、陶冶我的结果。

也许最打动我,叫我动情的是这样两个细节:

修缮、改造过程中,几位工人师傅爬上别墅屋顶作业。我意识到,实施项目是个团队,上至"将军"下到"普通士兵",各自在自己的岗位上作贡献。

不应出现这种情况:"一将成名万骨枯。"

这也是社会公平和正义。

它属于至善。善高于美和真。

2012年1月15日下了一天的冷雨。翌日放晴,我来到公馆。当我抬头看着高高的法国巴洛克风格的烟囱同黑白相间的乱云浮动和沉默不语的树梢构成一个句子的时候，我被深深触动。

这是造物主谱写的一首千古绝唱。

庄子心目中的"至道"才是最伟大的建筑诗人和雕塑家。

人无法直接看到老庄的"大道"、"至道"，却能通过他的大小作品窥视到他的身影。

可以说，"思南公馆"对于我是"哲学美学"（The Philosophical Aesthetics）的大课堂。当然，这里是各取所需的休闲最佳处。

在咖啡屋，我常看到一对情侣在一个角落窃窃私语，仿佛有说不完的情话。

只可惜我的谈情说爱岁月已过。今天我只好把我的泛爱全部、统统、干净地洒向"God·Nature·Man"（上帝·自然·人），即"天文地文人文神文"。

这"四文"才是我心目中的上帝，同基督教无关。

"修女楼"和法国天主堂就在我旁边，经常追问"谁是上帝"是必然的。

不同的视角，答案不同。

也许最高的答案是：

上帝是世界第一个原因（Causa Prima），即太原因。在它之前再也没有了原因。这便是"第一推动力"。

在这里树立了一块隐性的牌子：游人止步。

只有"思南公馆"的场域才会引起人们这些极复杂、极微妙的心理反应。

这正是我推崇"思南公馆"的深层原因。这里的建筑物有深度和广度，有太多的内涵，导人思，诱人遐想……

最后我想说：不能叫人动情的，便不是思南公馆。

昨天→今天→明天
——站在这条黄金链接上的"思南公馆"

20世纪二、三十年代上海法租界的马思南路这一页早已翻过去了。那是"思南公馆"的昨天。

今天去看昨天,有许多地方不免单薄。何况九十年后也换了人间!

2012年1月的一天下午,我独自一人又一次落座在公馆内的咖啡屋。

久坐在紧靠里屋的一个幽静角落,我在想心事。

假设有个因车祸严重脑震荡的患者昏迷了三天三夜,突然醒来,他(她)会向守护在侧的亲人追问两个相关的问题:

我这是在哪里?

现在是何年何月何日?

所以,人的存在(to be)即存在于某处(空间)。

但空间不是孤立的,它必有时间相伴随。空间和时间合在一起才是一枚金币的两个面。两个面没有正负之分。

可见,人倾向于把存在的意义等同赋予人类生存的空间性和时间性。我突然意识到,"思南公馆"的今天或今天的"思南公馆"是主角,而不是昨天(历史上)的"思南公馆"。

于是我在创作手记上匆匆写下了以下几行:

每个人　　每栋屋
都拥有
由三个环节构成的
黄金链

最要紧的是今天

*或眼下当前
因为昨天是今天的昨天
因为明天是今天的明天*

*三个阶段
环环相扣
是造物主强力意志的体现*

*拿掉其中任何一个
世界
便会立刻
大崩溃　　大坍陷*

"思南公馆"的要害是建筑场域,也是个视觉图像。它的迷人处属于"视觉图像现象学"(Phanomenology of Pictorial Vision)。——这是西方当代哲学美学的重要分支。

这里有一条存在于"物"、"象"、"看"和"见"之间的视觉通道。这是四者的相互交织。这里有可见的和不可见的风景。

尽管人的视觉只是感觉的一种,但人的第一认识、直接经验就是通过视觉获得的。视觉经验是最生动、最具象、最活泼、最直观的。在所有感觉中,视觉处于基础、奠基和主导地位。

俗语"百闻不如一见"和"一见钟情"便足以说明问题。

女士们,先生们!

↑ 思南路西侧即将投入修缮、整治和改造工程的十三栋老洋房,摄于2012年1月。我非常重视这个环节。三、四年后,我一定会到这里来落座,并拿出这些照片作前后比较。

还原历史　超越历史——我眼中的"思南公馆"

当你们走进"思南公馆"的建筑场域，请把视觉系统全部开启，特别是注意看、听高高的巴洛克烟囱同黑白相间的飘云对话；以及木叶落尽的枯树同欧式别墅的窃窃私语……

春色为谁来？枝上半留残雪。

这样的风景是视觉的专利，也是一个鼓鼓的"钱袋"。

当我运笔到此，我想再一次引用《圣经》中的这句箴言，因为我确信，只有这时候，读者才会完全明白我为什么会把这段箴言镶嵌在此：

"你与我们大家同分；
我们共用一个钱袋。"
"Throw in your lot among us;
We will all have one purse."

这便是我和广大读者的关系。我终于明白，在某种意义上，我担当了一名志愿者，一个爱岗敬业的"导游"。

我讲解的方式是自言自语，好像在朗诵……

* * *

在新、旧年（2011—2012）交接的日子，我看到思南路西侧又有大片老洋房纳入修缮、整治和改造的工地。共十三栋，其中有两栋为联体别墅。

看来，"思南公馆"的范围在扩大。

这是大手笔！我相信，整个项目有了东侧成功的经验，西侧会做得更到位。东西两侧连成一大片，"思南公馆"的气势和面目会更上一个台阶。

别忘了，这样的大手笔，此类资产的开

↓ 老洋房的大门，塔什干柱式（帕拉第奥风格）。
破损不堪惨状，已是奄奄一息。它等待项目团队开进来"妙手回春"。

发，只能是上海市政府作为主导力量在策划、操作、运作。在表面上，整个"思南路东西两侧项目"也是房产的投资和经营。其实不然。因为其中的成本和风险不是一般的市场型企业所能承担的！

要知道，"思南路项目"所用的专门建材、专业工艺，乃至动迁成本远远不是一般房产企业所能承受！

所以，以上海城投和上海永业企业为代表的政府投资企业或开发公司便成了此类项目的主导力量。

也只有这种力量才能打造世界第二大经济体中国的上海一张闪闪发光的金名片。这才是超越历史的基本保证。

↑ "思南路西侧"修缮、改造老洋房群施工工地外围围了一圈，上面写有投资商上海城投和永业集团，为政府行为。只有政府才有这种气魄。我向这两家公司致敬！（摄于2012年1月）

后　　记

　　我要感谢上海城投总公司总经理孔庆伟和上海永业企业（集团）有限公司董事长钱军。"思南路项目"便是由他们具体负总责、联合中外各方力量、"十年磨一剑"实施完成的。

　　一个人同某件著名作品（在我眼里，"思南公馆"的本质是一件优秀的建筑艺术精品）永远捆绑在一起，让千万人受益，让一个城市记住，他这一辈子便没有白活。

　　当然，这件城市记忆的杰作归根到底是上海市委、市政府的决策结出的硕果。

　　上海城投永业公司刘申、卢永锋和樊建良也是我要谢谢的。他们亲自参加了项目的实施工程，深入第一线，向我讲述了许多感人的细节，我成了一个"听故事的人"，久久不肯离去。他们的亲身经历，有助于我理解、解释"公馆"这个"文本"。否则我写不成书。修缮、整治和改造工程队的工人爬上屋顶的图片便是刘申提供的。

　　周启英同样是我要感谢的。

　　周对我说，小时候他常跟随母亲路过这片幽静的花园别墅区，母亲管这条马路叫"马斯南路"。——周启英学着母亲操宁波话的声调，充满了对母亲的怀念和一股浓浓的眷恋上海的乡情。

　　　　是的，我也爱上海，眷恋上海。通过本书稿的写作，我的眷恋之情又多了、浓了几分。即将进入人生暮年的我，会把我的最后三五部著作的写作大纲拿到"公馆"咖啡屋来草创。

2012年初夏最后定稿

附录：赵鑫珊主要著作一览表

1. 《科学·艺术·哲学断想》，1983年，三联书店；1985年，台湾丹青文库；2005年，新一版，文汇出版社，380页；2012年7月，插图本，新版，上海辞书出版社，300页。
2. 《哲学与当代世界》，人民出版社，1986年，417页。
3. 《哲学与人类文化》，上海人民出版社，1988年，260页。
4. 《黄昏却下潇潇雨》，安徽文艺出版社，1994年，217页。
5. 《大自然的诗化哲学》，文汇出版社，1999年，355页。
6. 《狗尾草在叹息》，浙江人民出版社，1993年，292页。
7. 《没有鸟巢的树》，花城出版社，1991年，417页。
8. 《我有我的潇洒》，中国友谊出版社，1994年，233页。
9. 《人类文明的功过》，作家出版社，1999年，663页。
10. 《莱茵河的涛声》，复旦大学出版社，1996年，333页。
11. 《心游德意志》，文汇出版社，1997年，335页。
12. 《我感我叹我思》，上海辞书出版社，2002年，488页。
13. 《人类文明之旅》（上下两册），上海辞书出版社，2001年，670页。
14. 《病态的世界》，上海人民出版社，2003年，250页。
15. 《不安》，上海文艺出版社，2003年，511页。
16. 《贝多芬之魂》，上海三联，1988年，679页。
17. 《莫扎特之魂》，上海文艺出版社，1998年，529页。
18. 《普朗克之魂——感觉世界·物理科学世界·实在世界》，四川人民出版社，1992年，775页。
19. 《三重的爱》，复旦大学出版社，1996年，300页。
20. 《赵鑫珊散文精选》，复旦大学出版社，1996年，299页。

21.《我眼中的香格里拉》,上海文艺出版社,1999年,383页。
22.《人脑·人欲·都市》,上海人民出版社,2002年,419页。
23.《大自然神庙》,上海教育出版社,2006年,251页。
24.《建筑是首哲理诗》,百花文艺出版社,1998年,626页。
25.《建筑:不可抗拒的艺术》(上下册),百花,2002年,785页。
26.《建筑面前人人平等》,上海辞书出版社,2004年,409页。
27.《人→屋→世界》,百花,2004年,542页。
28.《澳门新魂》,百花,2006年,371页。
29.《艺术之魂》,上海辞书,2006年,358页。
30.《赵鑫珊文集》(三卷),学林出版社,1988年。
31.《告别生出惆怅》,文汇出版社,2006年,275页。
32.《我是北大留级生》,江苏文艺出版社,2004年,309页。
33.《上帝和人:谁更聪明》,安徽文艺出版社,2000年,263页。
34.《99封未寄出的情书》,上海文艺,2000年,439页。
35.《智慧之路》,华东师范大学出版社,2004年,256页。
36.《不!人和病毒谁更聪明》,上海辞书,2004年,331页。
37.《是逃跑还是战斗!》,广东人民出版社,2003年,366页。
38.《天才和疯子》,江苏文艺出版社,2003年,450页。
39.《非常寓言》,少年儿童出版社,2007年,211页。
40.《我有家吗?》,上海文艺,2006年,473页。
41.《战争背后的男性荷尔蒙》,江西人民出版社,2007年,310页。
42.《穿长衫,读古书》,江西人民出版社,2007年,260页。
43.《我心目中的十字架》,北京出版社,2006年,200页。
44.《人文姿态》,北京大学出版社,2006年,271页。
45.《瓦格纳·尼采·希特勒》,文汇出版社,2007年,410页。
46.《历史哲学深谷里的回音》,上海辞书出版社,2007年,385页。
47.《观念改变世界》,江西人民出版社,2007年,298页。
48.《罗马风建筑》,辞书出版社,2008年,298页。
49.《哥特建筑》,辞书出版社,2010年,284页。
50.《孤独与寂寞》,文汇出版社,2008年,210页。
51.《"王"这个汉字》,文汇出版社,2009年,205页。
52.《我这一生幸福吗?》,北京大学出版社,2009年,198页。

53.《地球在哭泣》,安徽文艺出版社,1994年,193页。

54.《希特勒与艺术》,天津百花出版社,1996年,416页。

55.《寻道之旅》,上海辞书出版社,2010年,195页。

56.《音乐与建筑》,文汇出版社,2010年,365页。

57.《上海世博建筑对万众视觉的冲击》,与水彩画家和手绘建筑艺术家余工等人合作,文汇出版社,2010年,151页。

58.《上海白俄拉丽莎》(历史长篇小说),文汇出版社,2010年,412页。

59.《哲学是最大安慰》,北京大学出版社,2010年,330页。

60.《精神之魂(赵鑫珊随笔)》,北京大学出版社,2009年,286页。

61.《人和符号》,文汇出版社,2011年,357页。

62.《伟大的巴洛克文明群落》,文汇出版社,2011年,270页。

63.《庄子的哲学空筐》,文汇出版社,2011年,183页。

64.《裂缝和塌陷——当代人类状况》,上海辞书出版社,2012年1月,117页。

65.《一个人和一座城——上海白俄罗森日记》(历史长篇小说),上海文艺出版社,2012年5月,363页。